W0253572

Der phasenverschobene Strom

Seine Messung und seine Verrechnung

Von

Dipl.-Ing. **Richard F. Falk**

Ingenieur bei den Siemens-Schuckertwerken

Mit 52 Textabbildungen

Berlin

Verlag von Julius Springer

1927

Alle Rechte, insbesondere das der Übersetzung
in fremde Sprachen, vorbehalten.
Copyright 1927 by Julius Springer in Berlin.
ISBN-13: 978-3-642-89665-1 e-ISBN-13: 978-3-642-91522-2
DOI: 10.1007/978-3-642-91522-2

Vorwort.

Der Bedeutung des phasenverschobenen Stromes entsprechend, wurden in den letzten Jahren eine große Anzahl Meßgeräte und Verrechnungsarten zu seiner Erfassung und Verrechnung durchgebildet, so daß es nicht immer ganz leicht war, das auf diesem Gebiet Entwickelte zu übersehen.

Das Buch verfolgt den Zweck, einen zusammenfassenden Überblick, sowie auch einige Anregungen auf dem Gebiet der Messung und Verrechnung des phasenverschobenen Stromes zu geben. Der Vollständigkeit halber ist auch eine kurze Behandlung der Instrumente gegeben, die zur Zeit für die Messung des phasenverschobenen Stromes praktischen Wert erlangt haben.

Ich fühle mich verpflichtet, an dieser Stelle allen, die mir bei der Arbeit fördernd und unterstützend zur Seite standen, insbesondere Herrn Direktor E. K. Baltzer sowie auch Herrn Oberingenieur Hans F. Pröbster, welcher das Manuskript einer sorgfältigen Prüfung unterzog, meinen Dank auszusprechen.

Mannheim, März 1927.

Falk.

Inhaltsverzeichnis.

Einleitung.

Ein in einem Leiter fließender Strom hat eine zweifache Wirkung auf seine Umgebung: einerseits in der Aufrichtung eines magnetischen Feldes, dessen Richtung mit der von Fleming angegebenen Regel zu finden ist und andererseits in der Aufrichtung eines elektrischen Feldes, das durch das Potential der Leitung bestimmt ist. Diese beiden Felder sind bei Gleichstrom ebenso vorhanden, wie bei Wechselstrom. Während sie jedoch bei Gleichstrom, sobald sie einmal errichtet sind, unter gleichbleibenden äußeren Bedingungen unverändert bestehen, ändern sie sich bei Wechselstrom synchron mit dem Strome: sie werden im Takte der Polwechsel des betreffenden Stromes auf- und abgebaut. Dieses Auf- und Abbauen magnetischer und elektrischer Felder bedingt einen Energieverlust und erfordert eine gewisse Zeit. Bei Wechselstrom beträgt diese Zeit je ein Viertel der Schwingungsdauer der Welle. Das magnetische Feld wird vom Strome, das elektrische Feld von der Spannung aufgerichtet. Die gegenseitige Lage der Strom- und Spannungswelle ist bedingt durch die Größe der von ihnen errichteten Felder. Die Größe, oder deren Feld das von der anderen Größe errichtete Feld überwiegt, kommt dieser gegenüber in „Nacheilung": beim Überwiegen des magnetischen Feldes wird also der Strom, beim Überwiegen des elektrischen Feldes die Spannung „nacheilen". Strenggenommen könnte man demnach nur von „nacheilender" Spannung bzw. „nacheilendem" Strome sprechen. Nimmt man jedoch, um einen Ausgangspunkt zu erhalten, die Phase der Spannung bzw. den Spannungsvektor in seiner Lage als fest an, so bringt ein überwiegendes elektrisches Feld einen „voreilenden", ein überwiegendes magnetisches Feld einen „nacheilenden" Strom mit sich[1]).

---

[1]) Als Drehsinn der Zeitachse $\mathfrak{Z}$ dieses und aller folgenden Diagramme ist der umgekehrte Uhrzeigersinn angenommen.

Im Vektordiagramm (Abb. 1) stellen sich die Verhältnisse wie folgt dar: die Spannung E steht senkrecht zu den Blind- oder Magnetisierungs- bzw. Entmagnetisierungsströmen J_i (nacheilend) und J_c (voreilend), die sich nur durch ihre Richtung unterscheiden.

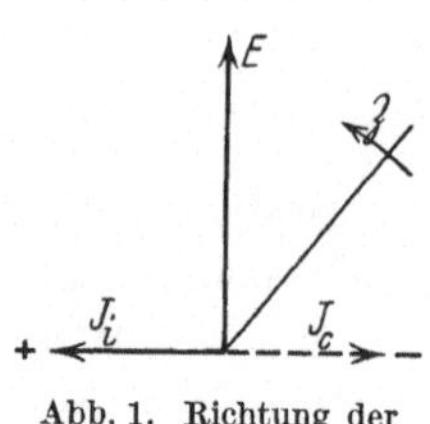

Abb. 1. Richtung der Blindströme.

J_i und J_c stehen in Opposition zueinander. Führt man für J_i ein positives Vorzeichen ein, so ergibt sich für J_c ein negatives. Faßt man in Übereinstimmung mit dem beim Arbeits- oder Wirkstrom üblichen die positive Richtung als „Lieferung" auf, so ist der negative oder Entmagnetisierungsstrom einfach der „rückgelieferte" Magnetisierungsstrom. Von dieser leicht faßlichen Vorstellung wollen wir im Kommenden Gebrauch machen und nicht mehr nach „voreilend" oder „kapazitiv" und „nacheilend" oder „induktiv" unterscheiden, sondern nur noch nach „geliefertem" und „bezogenem" Magnetisierungsstrom, eine Festsetzung, die im Sinne von Wirkstromlieferung und -bezug längst geläufig ist.

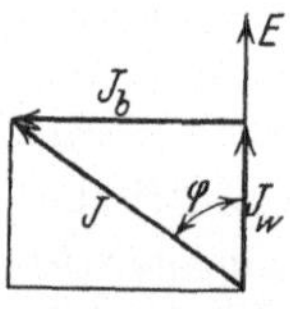

Abb. 2. Gesamtstrom J mit seinen Komponenten J_w und J_b.

In Abb. 2 sind die praktisch auftretenden Verhältnisse dargestellt. Einem Abnehmer wird mit der Spannung E ein Arbeits- oder Wirkstrom (J_w), sowie ein Magnetisierungs- oder Blindstrom (J_b) geliefert. Die beiden Ströme setzen sich geometrisch zum Gesamtstrom J zusammen. Für die Teilleistungen bzw. Teilarbeiten, sowie für die Gesamtleistung bzw. Gesamtarbeit ergeben sich sinngemäß die folgenden Gleichungen:

(Wirk)-Leistung:	$N = N_w = E \cdot J \cdot \cos\varphi$	in kW	. . . . . (1)
Blindlast:	$N_b = E \cdot J \cdot \sin\varphi$	in kS	. . . . . . (2)
Scheinlast:	$N_s = E \cdot J$	in kVA	. . . . (3)
Wirkverbrauch:	$A = A_w = E \cdot J \cdot \cos\varphi \cdot t$	in kWh	. . . . (4)
Blindverbrauch:	$A_b = E \cdot J \cdot \sin\varphi \cdot t$	in kSh	. . . . . (5)
Scheinverbrauch:	$A_s = E \cdot J \cdot t$	in kVAh	. . . . (6)

Eine mechanische Leistung vollbringt nur die Wirkleistung, weshalb ihr allein die Bezeichnung „Leistung" zukommt. N_b bzw. N_s nennen wir nach einem Vorschlag von Krukowski zweckmäßig „Blindlast" bzw. „Scheinlast", was auch der physikalischen Vorstellung besser gerecht wird.

Die Blindlast pendelt mit der doppelten Frequenz des

Stromes im Stromkreise hin und her, wird also nicht verbraucht. Trotzdem ist sie von erheblichem Einfluß auf die Wirtschaftlichkeit eines Werkes. Ihre technische Einheit ist das Kilosin (kS).

Die Scheinlast wiederum ist maßgebend für die Dimensionierung aller von der Stromwärmeentwicklung abhängigen Größen und spielt aus diesem Grunde gleichfalls eine bedeutsame Rolle; ihre technische Einheit ist das Kilovolt-Ampere (kVA).

Das Verhältnis $\frac{J w}{J}$, der cos des Winkels φ, heißt Leistungsfaktor; der Winkel φ selbst der Phasenverschiebungswinkel.

Mit allen diesen Größen werden wir noch eingehend zu tun haben.

Das Interesse an der Berücksichtigung der Phasenverschiebung bzw. der Verbesserung des Leistungsfaktors ist durch die nachteiligen Wirkungen des phasenverschobenen Stromes geweckt worden. Hatten sich schon beim Alleinarbeiten der Werke mit steigender Phasenverschiebung rasch steigende Schwierigkeiten ergeben, so zeigte das Parallelarbeiten der Werke durch die dabei betriebstechnisch auftretenden Schwierigkeiten, die mitunter einen geregelten Betrieb unmöglich machen konnten, daß die Erkennung, Beachtung und Bekämpfung der Phasenverschiebung dringend geboten war.

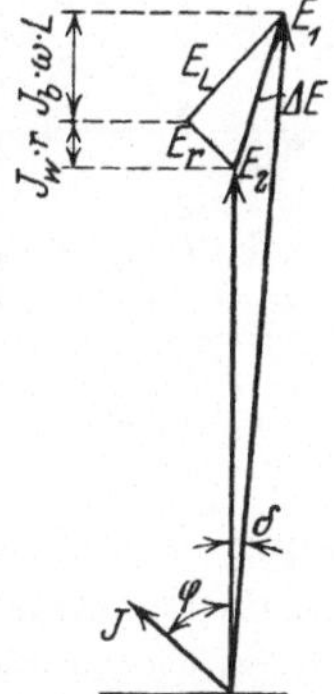

Abb. 3. Spannungsabfall einer Leitung.

Die nachteiligen Wirkungen des phasenverschobenen Stromes äußern sich einerseits in einer Strommehrbelastung, andererseits in der dadurch bedingten Erhöhung des Spannungsabfalles. Die Strommehrbelastung kann dabei einen derartigen Umfang annehmen, daß das Werk in seiner effektiven Leistung gedrückt wird.

Betrachten wir zunächst die durch die Phasenverschiebung bedingte Erhöhung des Spannungsabfalles. Aus der Abb. 3 ersehen wir, daß sich der gesamte Spannungsabfall ΔE aus dem Ohmschen und dem induktiven Spannungsabfall zusammensetzt.

$$\Delta \dot{E} = \dot{E}_r + \dot{E}_l. \tag{7}$$

Für den im Diagramm gezeichneten Fall, daß die Erzeugerspannung (E_1) und die Verbraucherspannung (E_2) keinen zu großen Winkel (δ) miteinander bilden, kann man den gesamten Spannungsabfall durch die Projektion des Ohmschen und des induktiven Spannungsabfalles auf E_2 darstellen, wodurch sich die Formel (7) auf

$$\varDelta E = r \cdot J_w + \omega L \cdot J_b \tag{8}$$

vereinfacht. Die Formel (8) besagt, daß sich der durch den Leitungswiderstand bedingte Spannungsabfall mit dem induktiven Spannungsabfall arithmetisch zum gesamten Spannungsabfall zusammensetzt. Der induktive Spannungsabfall $\omega L \cdot J_b$ kann bei starker Phasenverschiebung außerordentlich groß werden, da erfahrungsgemäß der induktive und der Ohmsche Widerstand von Freileitungen und Transformatoren annähernd gleich sind. Eine hohe Phasenverschiebung bringt daher stets betriebstechnische Schwierigkeiten mit sich. Diesen geradezu bestimmenden Einfluß der Phasenverschiebung auf die Höhe der Spannung nutzt man zur Spannungsregelung praktisch durch Veränderung der Induktivität der Leitung bzw. der Belastung aus.

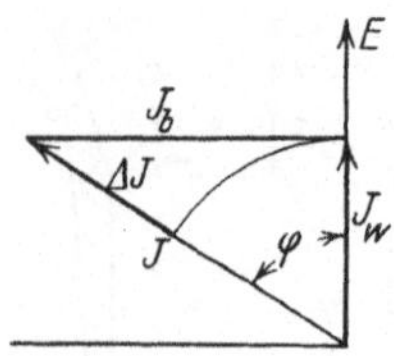

Abb. 4. Strommehraufwand: $\varDelta J = J - J_w$.

Die hauptsächlichste nachteilige Wirkung des phasenverschobenen Stromes besteht jedoch in der Strommehrbelastung, zu deren näheren Betrachtung das Diagramm der Abb. 4 dienen möge. Die Leistung N sei als konstant angenommen. Ihr entspricht bei der Spannung E ein Wirkstrom J_w. Bei einer Phasenverschiebung φ wird gegenüber J_w ein zusätzlicher Strom $\varDelta J$ nötig, dessen Stromwärmeverluste aus der folgenden Formel zu erkennen sind:

$$V_{cu} = c \cdot J^2, \tag{9}$$

$$V_{cu} = c \cdot (J_w + \varDelta J)^2. \tag{10}$$

Der elektrische Teil einer Anlage muß also für einen höheren Strom dimensioniert sein als zur Übertragung der gewünschten Leistung notwendig wäre. Die reichlichere Dimensionierung bedingt eine erhöhte Kapitalsanlage.

Es ist selbstverständlich, daß man mit der richtigen Erkenntnis der schädigenden Wirkungen des phasenverschobenen Stromes nach Mitteln suchte, sie zu verhindern, oder ihre Wirkung auszugleichen. Aus Theorie und Praxis sind in dieser Richtung Vorschläge in großer Zahl gemacht worden, deren Betrachtung hier jedoch zu weit führen würde. Ob man aber das Auftreten einer Phasenverschiebung von vornherein zu verhindern sucht, oder ob man ihre Wirkung technisch oder finanziell kompensiert, immer wird ein Meßgerät zur Kontrolle und Überwachung bzw. zur Verrechnung nötig sein. Der näheren Besprechung dieser Meßgeräte wollen wir uns nunmehr zuwenden.

I. Die Mittel zur Messung des phasenverschobenen Stromes.

Außer den den Bedürfnissen des Betriebes dienenden direkt zeigenden Instrumenten, wie Ampermetern und Leistungsfaktormessern — auch in registrierender Ausführung — sind es hauptsächlich die Zähler, die die meßtechnischen Unterlagen für die Verrechnung des phasenverschobenen Stromes liefern.

Die für die Messung des phasenverschobenen Stromes in Frage kommenden Zähler lassen sich nach verschiedenen Gesichtspunkten zusammenfassen. Wir wollen hier, um eine technisch sinngemäße Rubrizierung zu erreichen, zwischen Instrumenten unterscheiden, die zur direkten Erfassung der schädigenden Wirkungen des phasenverschobenen Stromes bestimmt sind, deren Meßprinzip also auf Verlustmessung beruht und Instrumenten, deren Registrierung den Stromgestehungskosten angepaßt ist und die die Wirkung der Phasenverschiebung auf die Stromgestehungskosten zu bestimmen und zu erfassen suchen. Diese Unterteilung der Instrumente erscheint zunächst etwas gesucht, ist jedoch begrifflich, wie auch technisch berechtigt und m. E. für die nachfolgend gegebene Entwicklung der Apparate dienlich. Es muß jedoch gleich an dieser Stelle betont werden, daß sich eine scharfe Grenze zwischen den beiden angegebenen Gruppen von Instrumenten nicht ziehen läßt.

1. Instrumente, die auf Bestimmung der schädigenden Wirkungen des phasenverschobenen Stromes beruhen.

Hierzu zählen hauptsächlich der Amperquadratstundenzähler und der Blindverbrauchzähler, Apparate, von denen besonders der letztere eine große technische Bedeutung erlangt hat.

a) Amperquadratstundenzähler.

Die Arbeitsverluste lassen sich bekanntlich auch als Produkt aus dem Ohmschen Widerstand eines Stromkreises und dem

Quadrat des Stromes darstellen. Die dadurch erzielte Unabhängigkeit von der Phasenverschiebung hat für den Meßtechniker etwas Bestechendes. Es nimmt daher nicht wunder, daß eben auf den Amperquadratstundenzähler (J^2h-Zähler) beträchtliche Hoffnungen gesetzt wurden[2]), die sich bisher nur in geringem Umfange verwirklichen ließen, neuerdings aber durch die Fragen und Probleme des Elektrizitätstransportes wieder erweckt werden. Wir werden auf die meßtechnischen Möglichkeiten der Verwendung von Amperquadratstundenzählern zur Messung des Elektrizitätstransportes noch zu sprechen kommen.

Der Amperquadratstundenzähler registriert proportional dem Quadrat des Stromes, was z. B. dadurch erreicht wird, daß man statt der Spannungsspule eines Einphasen-Wattstundenzählers eine entsprechend dimensionierte Spule als zweite Stromspule verwendet und sie mit der ersten Stromspule zusammenwirken läßt. Die Angaben des Amperquadratstundenzählers ergeben durch Multiplikation mit dem Ohmschen Widerstand des betreffenden Apparates den Arbeitsverlust in Wattstunden. Schon daraus geht hervor, daß die Verwendung des Amperquadratstundenzählers auf Spezialfälle beschränkt ist. Nur für den Fall, daß der fragliche Abnehmer eine eigene Leitung nach dem Werk hat, kann man die abgegebene Arbeit mit einem Amperquadratstundenzähler eindeutig bestimmen[3]). Zur Messung des Gesamtverbrauches mehrerer an die gleiche Leitung angeschlossener Abnehmer kann der Amperquadratstundenzähler nur bei Phasengleichheit der Einzelströme verwendet werden. Bei Phasenverschiedenheit der einzelnen Abnehmer ist eine Summenmessung mittels des Amperquadratstundenzählers unmöglich. Er gibt in diesem Falle ein gänzlich falsches Bild, da er die Summe der Quadrate liefert, während die Verluste die quadratische Summe betragen. Immerhin können jedoch auch in diesem Falle die Angaben des Amper-

---

[2]) Möllinger weist auf die Bedeutung hin, die einem mit einem Maximumzeiger versehenen Amperquadratstundenzähler zur Bestimmung der Scheinlast zukommt, wobei er die Überlegenheit des Amperquadratstundenzählers über den Scheinverbrauchzähler durch dessen Unabhängigkeit von jeder Phasenverschiebung unterstreicht.

[3]) Dieser Fall ist praktisch gegeben bei Bestimmung der Kupferverluste eines Transformators bei niederspannungsseitiger Messung. Hier finden denn auch Amperquadratstundenzähler mit Erfolg Verwendung.

quadratstundenzählers einen Anhalt zum Vergleich der durch die verschiedenen Abnehmer bedingten Verluste bieten.

Auf die Bedeutung des Amperquadratstundenzählers zur Bestimmung des ,,Wertes" der Kilosinstunde (kSh) werden wir noch an anderer Stelle zu sprechen kommen.

b) Blindverbrauchzähler.

Bei den Blindverbrauchzählern müssen wir zwischen Zählern unterscheiden, die den wirklichen Blindverbrauch, also die Größe

$$A_b = E \cdot J \cdot \sin\varphi \cdot t \tag{11}$$

registrieren und Zählern, die eine komplexe Größe

$$A_{bc} = (C_1 \cdot E \cdot J \cdot \cos\varphi + C_2 \cdot E \cdot J \cdot \sin\varphi) \cdot t \tag{12}$$

registrieren. Die ersteren bezeichnen wir als ,,reine" Blindverbrauchzähler; die letzteren als Mischverbrauchzähler.

Leider haben sich für die verschiedenen Mischverbrauchzähler an den reinen Blindverbrauchzähler erinnernde Bezeichnungen bereits derart in die Praxis eingeführt, daß wir sie, um allgemein verstanden zu werden, teilweise gleichfalls anführen müssen.

Die Verwendung der reinen Blindverbrauchzähler stützt sich auf die Verlustformel:

$$V_{cu} = c \cdot J^2, \tag{13}$$

$$V_{cu} = c \cdot (J_w^2 + J_b^2), \tag{14}$$

$$V_{cu} = V_{Jw} + V_{Jb}. \tag{15}$$

Die Formel (15) besagt, daß sich die Gesamtverluste aus den Verlusten durch den Wirkstrom und den Verlusten durch den Blindstrom additiv zusammensetzen. Wir werden später sehen, daß sich die aus dieser Ableitung folgernden Überlegungen der Verlustberechnung aus Wirk- und Blindstrom auch noch von einem anderen Standpunkte aus rechtfertigen lassen. Zunächst wollen wir jedoch in eine Besprechung der Blindverbrauchzähler selbst eintreten.

Beim Blindverbrauchzähler ist, wie aus der Formel (11) hervorgeht, ein Drehmoment mit Sinusabhängigkeit[4]) notwendig.

[4]) Der Begriff ,,Drehmoment mit Sinusabhängigkeit" ist der kurzen Ausdrucksmöglichkeit halber eingeführt. Es ist darunter ein Drehmoment zu verstehen, das seinen maximalen Wert bei $\sin\varphi = 1$, also $\varphi = 90^0$ hat. Ein Drehmoment mit Kosinusabhängigkeit wird also das maximale Drehmoment bei $\cos\varphi = 1$, $\varphi = 0^0$, erreichen, ein Drehmoment, wie es beispielsweise ein Wirkverbrauchzähler besitzt.

Ein Drehmoment mit Sinusabhängigkeit kann bei einem Induktionszähler prinzipiell durch zwei phasengleiche oder zwei in Opposition stehende Triebfelder erreicht werden. Die Verschiebung der Triebfelder um 0^0 bzw. 180^0 muß künstlich erzeugt werden.

Praktisch kommt nur die Drehstrommessung mittels der Zweiwattmeter-Methode in Frage. Wir wollen daher gleich hierfür die entsprechenden Diagramme aufstellen, wobei wir zum besseren Verständnis des folgenden zunächst das Diagramm des Wirkverbrauchzählers erläutern.

***α*) Diagramm des Wirkverbrauchzählers.** Schalten wir zwei dynamometrische Wattmeter oder Zähler, wie in Abb. 5 angegeben, so liefert uns die arithmetische Summe der Angaben beider Instrumente die Drehstromleistung, bzw. die Drehstromarbeit. Jedes der beiden Systeme hat ein Drehmoment,

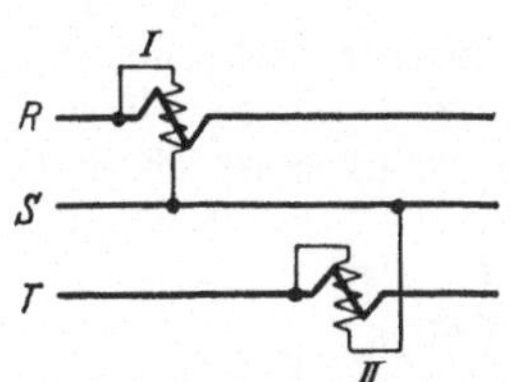

Abb. 5. Zweiwattmeter-Schaltung.

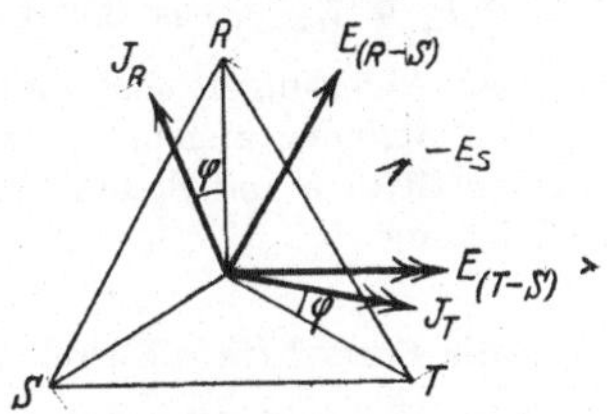

Abb. 6. Diagramm des dynamometrischen Wattstundenzählers.

das proportional dem Produkt aus dem Spannungsfeld und der in Richtung des Spannungsfeldes fallenden Komponente des Stromfeldes ist. Nehmen wir eine bestimmte Phasenverschiebung zwischen dem Strome und der zugehörigen Spannung, z. B. φ, an, so ergibt sich das Diagramm der Abb. 6, aus dem wir die Drehmomentgleichungen ablesen können. Sind D_1 und D_2 die Drehmomente der einzelnen Systeme (Teildrehmomente), so wird das Gesamtdrehmoment des Zählers zu

$$D = D_1 + D_2\,, \tag{16}$$

$$D = E_{(R-S)} \cdot J_R \cdot \cos(30^0 + \varphi) + E_{(T-S)} \cdot J_T \cdot \cos(30^0 - \varphi)\,. \tag{17}$$

Für

$$J_R = J_S = J_T = J \tag{18}$$

und

$$E_{(R-S)} = E_{(T-S)} = E_{(R-T)} = E \tag{19}$$

wird die Drehmomentsgleichung zu der Gleichung (20)

$$D = E \cdot J \cdot \cos(30^0 + \varphi) + E \cdot J \cdot \cos(30^0 - \varphi)\,, \tag{20}$$

$$D = \sqrt{3} \cdot E \cdot J \cdot \cos\varphi\,. \tag{21}$$

Dies ist die bekannte Leistungsformel für ein Drehstrom-System.

Für Zähler kommen jedoch für Drehstrommessung fast ausschließlich Induktionsinstrumente nach dem Ferraris-Prinzip in Betracht, deren Drehmoment dem Sinus des Verschiebungswinkels zwischen den wirksamen Triebflüssen proportional ist. Um daher bei einem Induktionsgerät ein dem Kosinus des Verschiebungswinkels proportionales Drehmoment zu erhalten, muß der Spannungstriebfluß gegenüber dem Stromtriebfluß bei induktionsfreier Belastung um 90° verschoben werden. Wie diese Verschiebung — „Abgleichung“ — erreicht wird, ist allgemein bekannt. Wir brauchen dies nicht weiter zu besprechen.

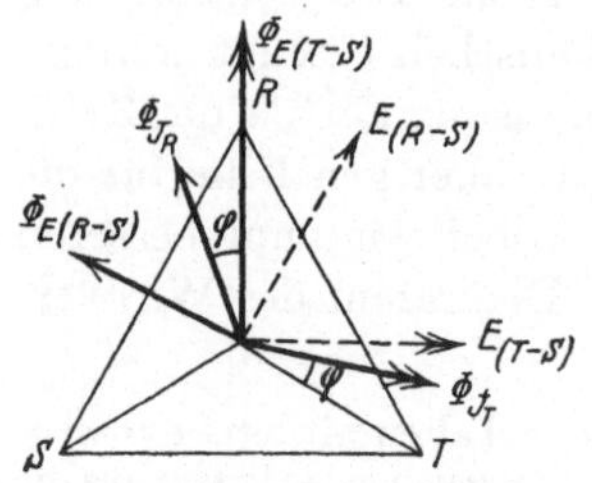

Abb. 7. Diagramm des Induktions-Wattstundenzählers.

Das Diagramm des Ferraris-Zählers in Aronschaltung zeigt die Abb. 7, aus der sich die Teildrehmomente D_1 und D_2 wie folgt ablesen lassen:

$$D_1 = \Phi J_R \cdot \Phi E_{(R-S)} \cdot \sin(60^0 - \varphi), \tag{22}$$

$$D_2 = \Phi J_T \cdot \Phi E_{(T-S)} \cdot \sin(120^0 - \varphi), \tag{23}$$

damit wird die Gleichung für das Gesamtdrehmoment D des Zählers zu

$$D = \Phi J_R \cdot \Phi E_{(R-S)} \cdot \cos(30^0 + \varphi) + \Phi J_T \cdot \Phi E_{(T-S)} \cdot \cos(30^0 - \varphi), \tag{24}$$

Bei diesen Ableitungen sind die Stromtriebflüsse in Phase mit ihren erzeugenden Strömen angenommen. Setzt man an Stelle der Flüsse die erzeugenden Ströme und Spannungen, so erhält man aus der Gleichung (24) die Gleichung

$$D = \sqrt{3} \cdot E \cdot J \cdot \cos\varphi. \tag{25}$$

Dies ist die Formel für die Drehstromleistung[5]).

[5]) Für die Drehrichtung eines Induktionszählers stellt Möllinger folgende Regel auf: „Die Bewegung der Scheibe erfolgt, falls beide Felder in derselben Richtung als positiv gerechnet werden, vom voreilenden zum nacheilenden Felde.“ Diese Regel läßt sich analytisch wie folgt erhärten:

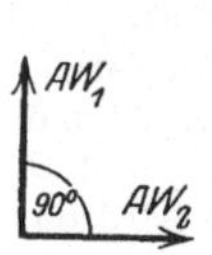

Abb. 8. Räumliche Lage der Wechselfelder AW_1 und AW_2 zueinander.

Zwei magnetische Wechselfelder, deren Schwingungsachsen miteinander einen bestimmten Winkel, z. B. 90°, bilden, seien durch ihre Amperwindungen AW_1 und AW_2 gegeben. Das Diagramm der Abb. 8 zeigt die räumliche Verteilung der beiden Felder. Die Momentanwerte der zu AW_1 und AW_2 gehörigen Felder sind jedoch verschieden, da zwischen beiden Schwingungen eine Phasendifferenz bestehen soll, während wir die Schwingungen selbst sinusförmig annehmen. Die Abb. 9 stellt das Zeitdiagramm der beiden Schwingungen dar. Die Zeitmarken der einen Schwingung sind mit arabischen Zahlen auf der Horizontalen, die der anderen Schwingung mit römischen Zahlen auf der Vertikalen abgetragen. Da beide Schwingungen gemäß Annahme Sinusschwingungen sind, sind die Abstände der Zeitpunkte auf den Achsen bei beiden Schwingungen gleich. Der Unterschied in der Phase der Schwingungen bildet sich im Zeitdiagramm durch die verschiedene Lage der Ausgangspunkte 1 bzw. I ab. Durch sinngemäße Verbindung ziffernmäßig gleicher Punkte erhalten wir die aus den beiden phasenverschobenen Schwingungen resultierende Schwingung, die allgemein eine Ellipse bilden wird, um in den Grenzfällen in einen Kreis bzw. in eine Doppelgerade überzugehen.

β) Diagramm des Blindverbrauchzählers. Um ein dem Sinus des Verschiebungswinkels proportionalesDrehmoment zu erhalten, muß bei induktionsfreier Belastung zwischen den wirksamen

---

Bei der analytischen Behandlung der Aufgabe haben wir es also mit zwei Sinusschwingungen gleicher Schwingungsdauer aber verschiedener Achsenlage und zeitlicher Verschiebung zu tun. Sind x und y die abhängigen Variablen, die Momentanwerte der Schwingungen; t die unabhängige Variable, die Zeit; a und b die Amplituden der Schwingungen; α und β die Augenblickswerte der Winkel zwischen der Schwingungsachse und der Zeitachse und endlich $2\pi n$ die Kreisfrequenz, so sind die beiden Schwingungen gegeben durch die Gleichungen.

$$x = a \cdot \sin(2\pi n t + \alpha), \quad (1\text{a})$$
$$y = b \cdot \sin(2\pi n t + \beta). \quad (2\text{a})$$

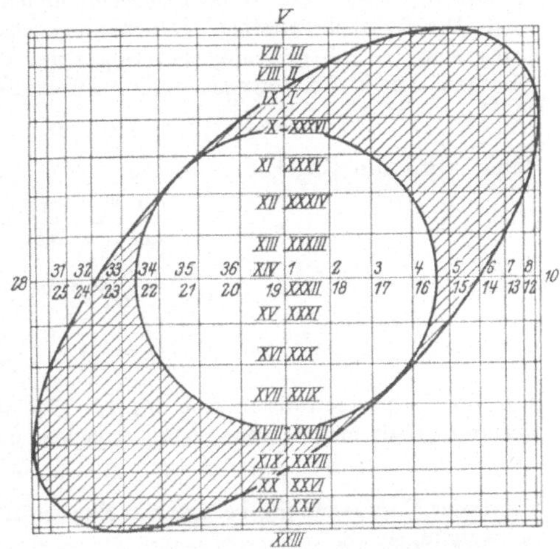

Abb. 9. Das Drehfeld als Resultierende zweier sinusförmiger Schwingungen gleicher Amplitude.

Zur Beantwortung der Frage, welche Bewegung aus der Übereinanderlagerung der beiden Schwingungen entsteht, formen wir die Gleichungen (1a) und (2a) um.

$$x = a \cdot \sin 2\pi n \cdot t \cdot \cos\alpha + a \cdot \cos 2\pi n \cdot t \cdot \sin\alpha, \quad (1\text{b})$$
$$y = b \cdot \sin 2\pi n \cdot t \cdot \cos\beta + b \cdot \cos 2\pi n \cdot t \cdot \sin\beta. \quad (2\text{b})$$

Durch Multiplikation von (1b) mit $\frac{\sin\beta}{a}$ sowie mit $\frac{\cos\beta}{a}$ und (2b) mit $\frac{\sin\alpha}{b}$ sowie mit $\frac{\cos\alpha}{b}$ und Differenzbildung der so erhaltenen Gleichungspaare ergibt sich

$$\frac{x}{a} \cdot \sin\beta - \frac{y}{b} \cdot \sin\alpha = \sin 2\pi n \cdot t \cdot \sin(\beta - \alpha) \quad (3\text{a})$$

$$-\frac{x}{a} \cdot \cos\beta + \frac{y}{b} \cdot \cos\alpha = \cos 2\pi n \cdot t \cdot \sin(\beta - \alpha), \quad (4\text{a})$$

die sich durch Quadrieren und Addieren zu Gleichung (5a) vereinfachen lassen.

$$\frac{x^2}{a^2} + \frac{y^2}{b^2} - \frac{2xy}{ab} \cdot \cos(\beta - \alpha) = \sin^2(\beta - \alpha). \quad (5\text{a})$$

Feldern Phasengleichheit oder eine Phasendifferenz von 180°
bestehen. Allgemein gilt die Formel

$$\cos(\varphi - 90^0) = \sin\varphi . \qquad (26)$$

Dies ist die Gleichung einer Ellipse mit dem Mittelpunkt Null. Die Ellipse selbst kann auch schräg liegen.

Zur Diskussion der Gleichung seien folgende Spezialfälle betrachtet:

1. Die Winkel zwischen Schwingungsachsen und Zeitachsen sollen gleich sein, zwischen beiden Schwingungen bestehe also keine Phasendifferenz. Die Bedingungsgleichung dafür lautet

$$(\beta - \alpha) = 0,$$

damit wird die Gleichung (5a) zu

$$\left(\frac{x}{a}\right)^2 + \left(\frac{y}{b}\right)^2 - \frac{2xy}{ab} = 0, \qquad (6\,a)$$

$$\left(\frac{x}{a} - \frac{y}{b}\right)^2 = 0, \qquad (7\,a)$$

$$\frac{x}{a} = \frac{y}{b}, \qquad (8\,a)$$

d. h. die Ellipse zerfällt in eine doppelt gezeichnete Gerade. Das gleiche Resultat erhält man für die Bedingungsgleichung

$$(\beta - \alpha) = \pi .$$

Bei dieser Voraussetzung beträgt die Phasendifferenz zwischen den beiden Schwingungen 180°.

2. Die Phasenverschiebung betrage 90°. Die Bedingungsgleichung dafür lautet:

$$(\beta - \alpha) = \frac{\pi}{2},$$

$$\left(\frac{x}{a}\right)^2 + \left(\frac{y}{b}\right)^2 = 1, \qquad (9\,a)$$

d. h. die Ellipse liegt symmetrisch zu den beiden Koordinatenachsen.

3. Ein anderer Spezialfall der oben angegebenen allgemeinen Schwingungsgleichung ist der, daß außer der Bedingung

$$\beta - \alpha = \frac{\pi}{2} \qquad \text{auch noch die Bedingung:} \qquad a = b$$

erfüllt ist. Damit wird die allgemeine Ellipsengleichung zu

$$x^2 + y^2 = 1, \qquad (10\,a)$$

d. h. die Ellipse geht in den Kreis über.

Die praktische Auswirkung dieser Formel ist folgende: Zwei beliebige Wechselfelder ergeben ein Drehfeld, das sich im allgemeinen (siehe Abb. 9) als Ellipse darstellen wird. Von diesem Drehfeld ist nur der Teil wirksam, der durch die Fläche des der Ellipse einbeschriebenen Kreises bestimmt ist. Die Differenz zwischen der Ellipsenfläche und der Kreisfläche (in Abb. 9

Man wird also ein dem Sinus proportionales Drehmoment erhalten, wenn man die bereits beim Wirkverbrauchzähler vorhandene Verschiebung der wirksamen Flüsse noch um 90° erhöht

---

schraffiert) stellt das pulsierende Wechselfeld in Richtung der großen Ellipsenachse dar. Das wirksame Drehfeld ist demnach am größten in dem oben besprochenen Grenzfall 3., also bei Schwingungen gleicher Amplitude und einer zeitlichen und örtlichen Verschiebung von 90°. Die Fläche des einbeschriebenen Kreises, das wirksame Drehfeld, wächst mit dem Quadrat der Minima der Amperwindungszahlen, die wiederum abhängig sind von der örtlichen und zeitlichen Verschiebung, und zwar in beiden Fällen vom Sinus des betreffenden Verschiebungswinkels. Das wirksame Drehfeld $\overset{\circ}{D}$ wird demnach zu

$$\overset{\circ}{D} = A W_1 \cdot A W_2 \cdot \sin(\beta - \alpha) \cdot \sin \gamma .$$

Dabei ist (γ) der räumliche Verschiebungswinkel.

Wir erhalten also, wie bereits oben erwähnt, das größte wirksame Drehmoment zweier Schwingungen gleicher Periode bei einer zeitlichen und örtlichen Verschiebung von 90°.

Wir wollen nun noch den Umlaufsinn der Schwingungsbewegung feststellen, wozu uns die Ausgangsgleichungen sowie die Bedingungsgleichung für die 90°-Verschiebung dienen.

$$\beta = \alpha + \frac{\pi}{2} , \tag{11a}$$

$$x = a \cdot \sin(2\pi n \cdot t \cdot + \alpha) , \tag{12a}$$

$$y = b \cdot \sin\left(2\pi n \cdot t \cdot + \alpha + \frac{\pi}{2}\right) . \tag{12b}$$

Ausgehend von $t = 0$ wächst x mit zunehmender Zeit, während y abnimmt. Wird α zu 0, dann wird für wieder wachsendes t das y wieder größer, aber negativ, während x zwar abnimmt, aber immer noch positiv bleibt. Der Umlaufsinn der Ellipse ist also der des Uhrzeigers. Auf das Zeitdiagramm übertragen bedeutet dies, daß die Drehung vom voreilenden zum nacheilenden Felde erfolgt, da gemäß den Ausgangsgleichungen x voreilend und y nacheilend ist.

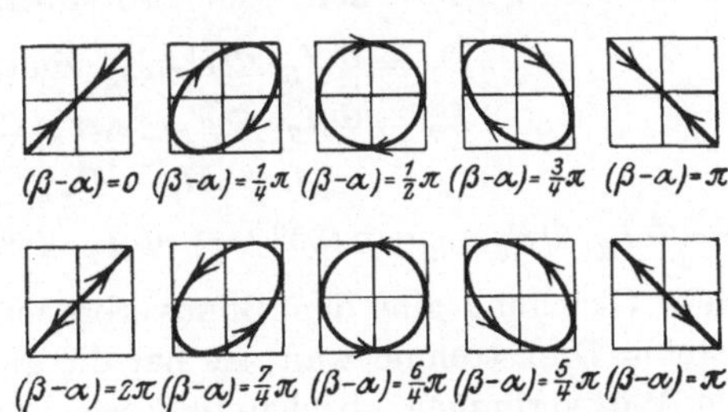

Abb. 10. Spezialfälle der allgemeinen Drehfeldgleichung zweier sinusförmiger Schwingungen.

Für andere Werte von $(\beta - \alpha)$ ergeben sich andere Schwingungsfiguren (Abb. 10).

oder vermindert. Die beiden Triebsysteme erhalten demnach folgende Verschiebungen:

$$1.\ \text{System:}\quad (60^0 - \varphi - 90^0) = -(30^0 + \varphi)\,, \tag{27}$$

$$2.\ \text{System:}\quad (120^0 - \varphi - 90^0) = (30^0 - \varphi)\,. \tag{28}$$

Diese „Verschiebung“ kann auf verschiedene Weise erreicht werden.

Bei der Abgleichung durch „Kunstschaltung“ ordnet man den einzelnen Meßsystemen andere Spannungen zu, als ihnen nach den Drehmomentsgleichungen zugehören, wodurch man bereits einen Teil (60⁰) der nötigen zusätzlichen 90⁰-Verschiebung erzielt. Die restlichen 30⁰ werden durch Erhöhung der „Abgleichung“ („innere“ Verschiebung der Triebflüsse des Systems) von 90⁰ auf 120⁰ erreicht[6]).

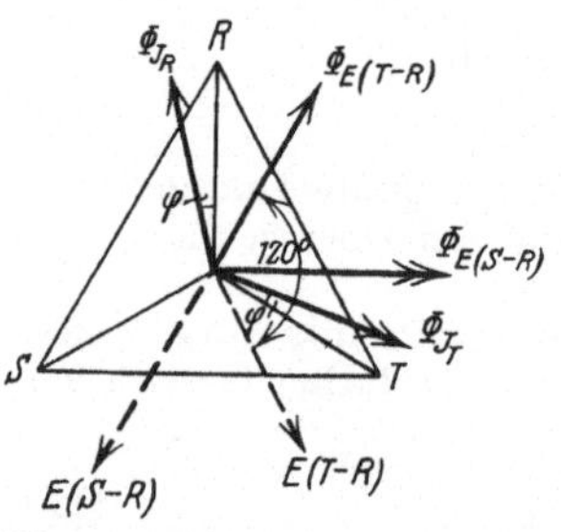

Abb. 11. Diagramm des Blindverbrauchzählers in Kunstschaltung.

Man ordnet dem ersten System (Stromphase R) statt der Spannung ($R - S$) die Spannung ($T - R$) und dem zweiten System (Stromphase T) statt der Spannung ($T - S$) die Spannung ($S - R$) zu. Damit erhalten wir das Diagramm des Blindverbrauchzählers in Kunstschaltung (mit „Fremderregung“) gemäß Abb. 11.

Aus diesem Diagramm geht hervor, daß die Teildrehmomente einander entgegenwirken, sich also subtrahieren.

$$D_1 = \Phi J_R \cdot \Phi E_{(T-R)} \cdot \sin(30^0 + \varphi)\,, \tag{29}$$

$$D_2 = \Phi J_T \cdot \Phi E_{(S-R)} \cdot \sin(30^0 - \varphi)\,, \tag{30}$$

$$D = D_1 - D_2\,, \tag{31}$$

$$D = \Phi J_R \cdot \Phi E_{(T-R)} \cdot \sin(30^0 + \varphi) - \Phi J_T \cdot \Phi E_{(S-R)} \cdot \sin(30^0 - \varphi)\,. \tag{32}$$

Diese Gleichung gibt den Blindverbrauch in einem beliebig belasteten Drehstromnetz an; sie hat die gleiche Form, wie die für den Wirkverbrauch abgeleitete Formel, nur tritt an die Stelle des Kosinus der Sinus. Die beiden Teildrehmomente subtrahieren

[6]) Praktisch wird die Verschiebung nicht erhöht, sondern auf 60⁰ vermindert. Der dadurch bedingte Vorzeichenwechsel des Drehmomentes wird durch Umpolen der Stromspulen kompensiert.

sich beim Blindverbrauch, was durch die gegenseitige Lage der Feldvektoren bedingt ist.

Setzt man, wie früher, statt der Flüsse die erzeugenden Ströme bzw. Spannungen und setzt diese wieder unter sich gleich, so erhält man

$$D = \sqrt{3} \cdot E \cdot J \cdot \sin \varphi . \tag{33}$$

Dies ist die Formel des Blindverbrauches eines Drehstromsystems.

Die Abgleichung der Blindverbrauchzähler durch Kunstschaltung brachte es zunächst mit sich, daß der Zähler eine andere Außenschaltung wie der Wirkverbrauchzähler erhielt, was zu Fehlschaltungen Anlaß gab. Man half sich dagegen durch entsprechende Änderung der Innenschaltung. Der Blindverbrauchzähler konnte dann in der gleichen Weise angeschlossen werden wie der zugehörige Wirkverbrauchzähler.

Der Blindverbrauchzähler in Kunstschaltung ist jedoch von der Phasenfolge abhängig, auch setzt er symmetrische Spannung

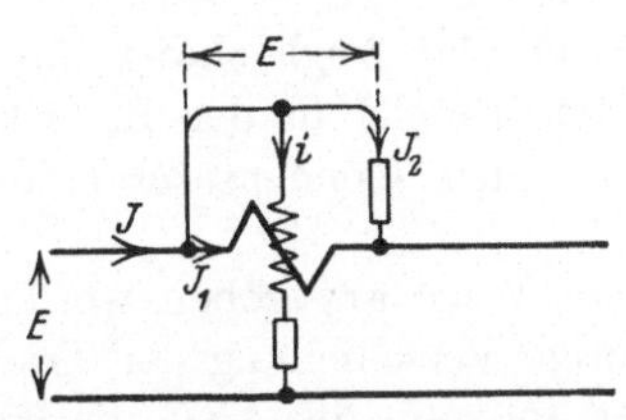

Abb. 12. Anordnung der Parallel- und Vorwiderstände beim Blindverbrauchzähler.

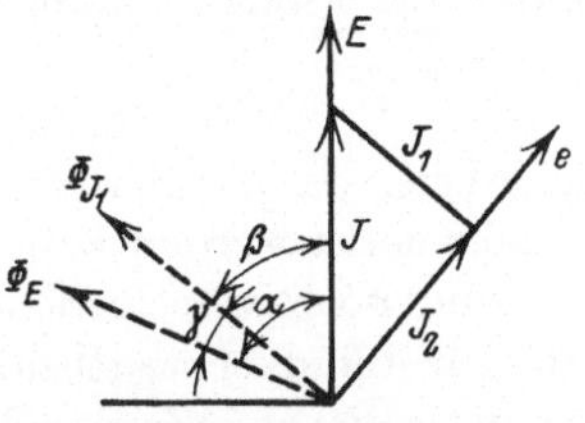

Abb. 13. Diagramm des Blindverbrauchzählers mit Parallelwiderständen.

voraus, da er ja nicht mehr in der Zweiwattmeter-Schaltung an das zu messende Drehstromsystem angeschlossen ist. Diese Forderungen der Unabhängigkeit von Phasenfolge und Spannungsunsymmetrien erfüllt die Abgleichung durch Parallelwiderstände (Abb. 12).

Die notwendige Phasenverschiebung wird in diesem Falle dadurch erreicht, daß zu den Stromspulen ein induktionsfreier Widerstand parallel, und in den Spannungskreis ein induktionsfreier Widerstand eingeschaltet wird.

Der Gesamtstrom J (Abb. 13) ist in Phase mit der Spannung E; er setzt sich zusammen aus den Teilströmen J_1 und J_2. J_2 ist mit e phasengleich, da ja für den Parallelwiderstand ein induktionsfreier Widerstand gewählt wurde. Der wirksame Stromtriebfluß kann in Phase mit J_1 angenommen werden. Der Spannungstriebfluß ΦE ist gegen E und damit gegen J infolge seiner Induktivität um α^0 verschoben; ΦJ_1 um β^0. Zwischen den beiden Triebflüssen besteht also eine Phasendifferenz γ, die durch geeignete Wahl der Parallel- und Vorschaltwiderstände zu Null gemacht werden kann, wodurch der Zähler zum Blindverbrauchzähler wird.

Unabhängigkeit der Blindverbrauchzähler von der Phasenfolge kann auch durch Verwendung von Kondensatoren erreicht werden. Blindverbrauchzähler mit Kondensatoren werden z. B. von der AEG durchgebildet. Bei diesen Zählern ist je ein Kondensator in Serie mit der betreffenden Spannungsspule gelegt, so daß sich die Induktivität und Kapazität der Nebenschlußkreise kompensieren. Zur genauen Abgleichung dient ein zur Spannungsspule parallel liegender Widerstand. Der Nebenschlußkreis verhält sich dann praktisch wie ein Ohmscher Widerstand (Abb. 14).

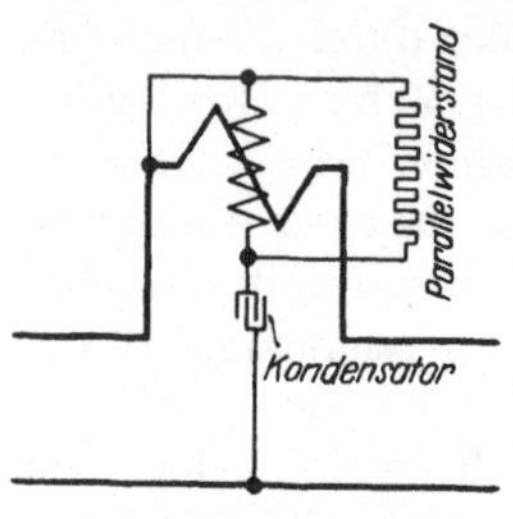

Abb. 14. Schaltung eines Systems eines Blindverbrauchzählers mit Kondensator.

Der Nachteil der Abgleichung durch Kondensatoren besteht in der Betriebsunsicherheit, da etwaige Defekte an den Kondensatoren nur schwer bemerkt werden können.

Es sind noch verschiedene andere Wege angegeben worden, um die für Blindverbrauchzähler nötige Verschiebung der Triebflüsse zu erreichen. So erzielt unter anderem die AEG die 60^0-Verschiebung bei Blindverbrauchzählern auch durch Vorschaltwiderstände im Spannungsspulenkreis.

Die größte praktische Bedeutung und Verwendung hat die „Kunstschaltung" und die Abgleichung durch Parallelwiderstände gefunden, beide haben sich auch praktisch bewährt.

Von den Instrumenten, die auf der Bestimmung der schädigenden Wirkungen des phasenverschobenen Stromes beruhen, haben wir bisher den Amperquadratstundenzähler und den Blindverbrauchzähler besprochen. Nach den Ausführungen in der Einleitung besteht der Hauptnachteil des phasenverschobenen Stromes in der durch die Phasenverschiebung bedingten Strommehrbelastung ΔJ. Das ΔJ macht sich jedoch nie als solches, auch nicht als ΔJ^2, sondern als Glied der quadratischen Summe $(J + \Delta J)^2$, aus der es sich nicht separieren läßt, bemerkbar.

Die Frage nach einem Meßgerät, das ΔJ in irgendeiner Form registriert, hat demnach, trotzdem sie naheliegt, keine praktische Bedeutung.

Man könnte das Integral von ΔJ beispielsweise aus der Differenz zwischen den Anzeigen eines Scheinverbrauchzählers und eines Wirkverbrauchzählers erhalten. Unter der Voraussetzung gleichbelasteter Phasen könnte man für ein Drehstromsystem das Integral von ΔJ direkt auch in der Weise erreichen, daß man das eine System eines Ferraris-Zählers als Wirkverbrauchzähler, das andere System als Scheinverbrauchzähler eicht[7]) und die beiden Systeme gegeneinander schaltet.

2. Instrumente, die auf Ermittlung der Stromgestehungskosten beruhen.

Die Gestehungskosten der elektrischen Energie bilden die Grundlage für den Verkaufspreis. Die Gestehungskosten setzen sich zusammen aus den Kapitalkosten und den Betriebskosten. Die Kapitalkosten entstehen durch die Beschaffung der Bauten, des dampf-, wasser- oder ölmaschinellen Teiles der Anlage, der Stromerzeugungsmaschinen, der Schaltanlagen, Transformatoren und des Leitungsnetzes. Auf verschiedene dieser Punkte ist die Phasenverschiebung von Einfluß. Daß die Leitungen, Transformatoren, sowie die Generatoren nicht nach der Wirkleistung allein bemessen werden können, ist selbstverständlich, jedoch auch der nichtelektrische Teil der Anlage ist wesentlich von der Phasenverschiebung abhängig, insofern, als durch eine zu hohe Phasenverschiebung die Abgabe der vollen Leistung der Kraftmaschinen mit Rücksicht auf die damit gekuppelten Generatoren unter Umständen unmöglich ist. Strenggenommen läßt sich eigentlich nur von dem rein baulichen Teil der Anlage sagen, daß seine Kosten von der Phasenverschiebung unabhängig sind.

Unter Beachtung des eben kurz Erläuterten findet man Vorschläge der verschiedensten Art, wie die Stromgestehungskosten günstig zu ermitteln seien, meist wird auch ein zur Durchführung

[7]) Es ist dabei auf die prinzipiell verschiedene Meßgenauigkeit eines Wirk- und eines Scheinverbrauchzählers zu achten. Für den praktisch vorkommenden Fall einer Phasenverschiebung von $\cos\varphi = 0{,}4 - 0{,}9$ wäre dies zulässig. Bei Über- oder Unterschreitung dieser Werte liefert der Scheinverbrauchzähler unbrauchbare Angaben.

der nötigen Messung geeignetes Meßgerät angegeben bzw. entwickelt.

Wir wenden uns nunmehr der Besprechung der wichtigsten der auf diesem Gebiete in der Praxis bekannten Zähler zu und behalten uns die Beurteilung der Apparate selbst, sowie der darauf begründeten Meßmethoden für einen anderen Abschnitt des Buches vor.

a) Amperstundenzähler.

Amperstundenzähler für Wechselstrom sind vor einer Reihe von Jahren von John Busch durchgebildet worden. Das Prinzip ihrer Konstruktion beruht auf der Ausnützung des annähernd quadratischen Charakters der Magnetisierungskurve im Knie. Liegen die Induktionen der beiden Triebflüsse eines Zählers im Knie der Magnetisierungskurve, so kann man ein annähernd lineares Drehmoment erreichen. Trotz der inzwischen erfolgten Verbesserung konnten sich diese Apparate in der Praxis in größerem Umfange nicht einführen. Busch betont die Überlegenheit des Amperstundenzählers gegenüber allen anderen zur Messung des phasenverschobenen Stromes vorgeschlagenen Apparaten. Er begründet diese Überlegenheit des von ihm durchgebildeten Apparates mit der Bedeutung, die der „reellen" Stromstärke zukomme im Gegensatz zu einer Verrechnung, die sich auf den „imaginären" Blindstrom stütze. Auf den Wert oder Unwert der Blindverbrauchverrechnung, die sich auf die Messung des Magnetisierungsstromes stützt, ohne den die Motoren nicht laufen, die Transformatoren nicht umformen würden, werden wir an anderer Stelle noch zu sprechen kommen.

Inwieweit ein Wechselstromamperstundenzähler für Kleinabnehmer Bedeutung erlangen kann, entzieht sich vorläufig noch der Beurteilung. Jedoch muß die durch die stetig zunehmende Elektrisierung bedingte Phasenverschiebung bei kleinen und kleinsten Abnehmern infolge deren ansehnlicher Zahl unbedingt beachtet werden. Über kurz oder lang werden gerade diese Kleinabnehmer nicht mehr als rein ohmsche Belastung angesehen werden dürfen, eine Erscheinung, die für ausgesprochene Lichtwerke von erheblicher Bedeutung werden kann. Zur Zeit hat jedoch der Amperstundenzähler für Wechselstrom eine weitergehende praktische Bedeutung noch nicht erlangt. Es erübrigen sich daher an dieser Stelle nähere Ausführungen über seine Konstruktion und Wirkungsweise.

Bei der Frage der Messung des Elektrizitätstransportes werden wir auf den Amperstundenzähler noch eingehender zu sprechen kommen.

b) Scheinverbrauchzähler.

Der Scheinverbrauchzähler dient zur Bestimmung der Scheinlast

$$As = E \cdot J \cdot t \quad \text{in kVAh}. \tag{34}$$

Der Scheinverbrauchzähler ist vom Leistungsfaktor unabhängig. Da ein erheblicher Teil einer elektrischen Anlage nach der Scheinlast dimensioniert wird, besitzen die Angaben eines Scheinverbrauchzählers Wert, so daß sie sehr wohl als ein Maß für die Beteiligung eines Abnehmers an den Kapitalkosten gelten können.

$\cos \varphi$	kVA	kW	kS	1 kS = % kW
1	100	100	0	0
0,98	100	98	20	10
0,96	100	96	28	14
0,94	100	94	34	18
0,92	100	92	39	20
0,9	100	90	44	23
0,8	100	80	60	33
0,7	100	70	71	42
0,6	100	60	80	50
0,5	100	50	87	58
0,4	100	40	92	66
0,3	100	30	95	74
0,2	100	20	98	82
0,1	100	10	99,4	91
0,05	100	5	99,8	95

Es muß jedoch gleich an dieser Stelle der Ansicht entgegengetreten werden, daß die Angaben des Scheinverbrauchzählers in jedem Falle für die festen Kosten maßgebend wären, da bei dieser Ansicht die Tatsache nicht berücksichtigt wird, daß die Zentrale nicht die arithmetische, sondern die geometrische Summe der Scheinlasten zu liefern hat. Der Gleichzeitigkeitsfaktor hat für die Scheinlast und damit auch für den Scheinverbrauch die gleiche Bedeutung wie für die Wirkleistung bzw. den Wirkverbrauch. Zwei in ihrer Scheinlast gleiche Abnehmer mit verschiedenen Leistungsfaktoren zur Bestreitung der festen Kosten in gleicher

Weise heranzuziehen, ist unrichtig. Die in der Verrechnung nach dem Scheinverbrauch liegende Unrichtigkeit kommt am klarsten dadurch zum Ausdruck, daß man den durch jeden der beiden Abnehmer verursachten Magnetisierungs- oder Blindstrom in seinem prozentualen Wert zum Wirkstrom in Abhängigkeit vom Leistungsfaktor bestimmt. In Abb. 15 sind die so ermittelten Werte in Form einer Kurve aufgetragen. Es geben beispielsweise 100 kVA bei $\cos\varphi = 0{,}9$ 90 kW und ca. 44 kS. Bei $\cos\varphi = 0{,}4$ dagegen entsprechen 100 kVA = 40 kW und ca. 92 kS. In beiden Fällen würde aber bei Verrechnung nach Scheinverbrauch das gleiche, nämlich 100 kVA bezahlt. Setzen wir für das kW stets den gleichen Wert ein, so verbleibt für die Bestimmung des Wertes des Blindstromes in dem einen Falle der Gegenwert von 10 kW, in dem anderen Falle der von 60 kW. Damit stellt sich das kS bei $\cos\varphi = 0{,}9$ auf ca. 23%, bei $\cos\varphi = 0{,}4$ auf ca. 66% des kW-Wertes. Diese Verschiedenheit in der Bewertung des Magnetisierungsstromes kann in gewissem Sinne als Beweis dafür gelten, daß die Beurteilung eines Abnehmers allein nach der Scheinlast der tatsächlich durch ihn hervorgerufenen Werkbelastung nicht entspricht.

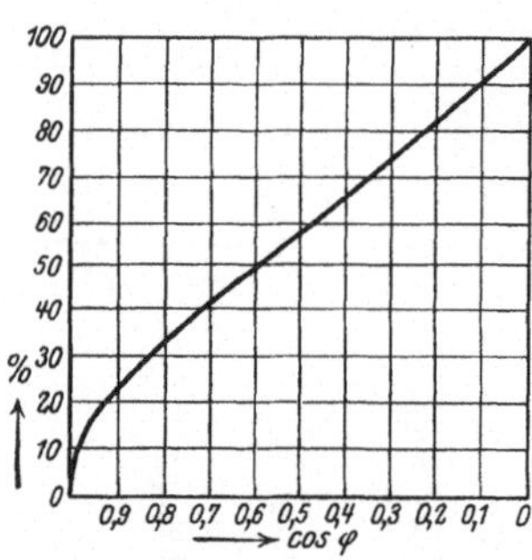

Abb. 15. Bewertung des Magnetisierungsstromes in Prozenten des Wirkstromwertes bei Verrechnung nach Scheinverbrauch.

Dieser eben erläuterte Nachteil der Verrechnung nach dem Scheinverbrauch haftet natürlich auch einer Kombination von Schein- und Wirkverbrauchzähler an und kann auch für ein derartiges Meßaggregat nur durch die Verwendung registrierender Instrumente vermieden werden, da man dann in der Lage ist, jeweils zeitlich zusammengehörige Werte des Wirk- und Scheinverbrauches der Verrechnung zugrunde zu legen.

Bei der Durchbildung der Scheinverbrauchzähler geht man von der Tatsache aus, daß der Kosinus von Winkeln, die schon erheblich von 0° abweichen, praktisch mit dem Wert 1 wenig differiert. Man hat also für diese Winkel eine annähernde Proportionalität zwischen dem Schein- und dem Wirkverbrauch.

Je nach der Größe des zugelassenen Fehlers wird der Winkel, innerhalb dessen man den Wirkverbrauch statt des Scheinverbrauches setzen kann, größer oder kleiner. Aus diesen Ausführungen geht ohne weiteres hervor, daß die auf diesem Prinzip aufgebauten Scheinverbrauchzähler nur innerhalb eines bestimmten Bereiches des Leistungsfaktors, für den sie besonders geeicht sein müssen, richtig zeigen. Außerhalb dieses Leistungsfaktorbereiches liefern sie vollkommen unbrauchbare Werte. Es mag hier gleich vorweggenommen werden, daß auch bei den neuerdings herausgebrachten Scheinverbrauchzählern von diesem Meßprinzip Gebrauch gemacht wurde.

Die Wirkungsweise der Scheinverbrauchzähler soll im folgenden erläutert werden, wobei der Einfachheit halber die Entwicklung nur für einphasigen Strom gegeben wird.

Ein normaler Ferraris-Wirkverbrauchzähler hat zwischen dem Spannungstriebfluß und der erzeugenden Spannung eine Verschiebung von 90^0, wobei Phasengleichheit zwischen Strom- und Stromtriebfluß angenommen ist. Erteilt man dem Spannungstriebfluß eine zusätzliche Verschiebung von beispielsweise 30^0, also eine Gesamtverschiebung von 120^0, so zeigt dieser Zähler die Größe

$$A = E \cdot J \cdot \sin(90^0 + 30^0 - \varphi) \cdot t\,. \tag{35}$$

Für eine positive (induktive) Phasenverschiebung der Belastung des Zählers von 30^0 wird der Klammerausdruck zu 1: der Zähler ist für diese Phasenverschiebung zum Scheinverbrauchzähler geworden. Lassen wir außer dem normalen Fehler des Zählers einen bestimmten zusätzlichen Fehler, z. B. $\pm$ 5% zu, so können wir die Grenzen des Leistungsfaktors, innerhalb deren der Scheinverbrauchzähler benutzt werden kann, wie folgt ermitteln:

$$E \cdot J \cdot \sin(90^0 + 30^0 - \varphi_x) = 0{,}9 \cdot E \cdot J\,; \tag{36}$$

$$\sin(120^0 - \varphi_x) = 0{,}9\,, \tag{37}$$

$$\cos\varphi_x = 0{,}9\,. \tag{38}$$

Dem $\cos\varphi = 0{,}9$ entspricht ein Winkel von ca. 26^0. Der Zähler zeigt also den Scheinverbrauch innerhalb der Winkel

$$30^0 + 26^0 = 56^0 \quad \text{und} \quad 30^0 - 26^0 = 4^0$$

mit dem zulässigen Fehler von $-$ 10% an. Durch entsprechende Regulierung des Bremsmomentes läßt sich der Fehler bei dem mittleren Leistungsfaktor von $\cos\varphi = 0{,}866$ (entsprechend einem Winkel φ von 30^0) auf $+$ 5% einstellen, so daß der zusätzliche Fehler des auf diese Weise geeichten Zählers $\pm$ 5% in den Grenzen von $\cos\varphi = 0{,}99$ ($\varphi = 4^0$) bis $\cos\varphi = 0{,}55$ ($\varphi = 56^0$) nicht überschreitet.

Der in dieser Weise geeichte Scheinverbrauchzähler ergibt, wie bereits schon erwähnt, bei Über- oder Unterschreitung der angegebenen Grenzen des Leistungsfaktors vollkommen unbrauchbare Meßwerte. Dies ist sein großer Nachteil; denn gerade dann, wenn ein Abnehmer seinen Leistungsfaktor verbessert, führt der Scheinverbrauchzähler zu unrichtigen Werten. Fernerhin ist nachteilig, daß eine Verwendung des Scheinverbrauchzählers für voreilenden und nacheilenden Strom nicht möglich ist, wie aus dem Erläuterten von selbst hervorgeht.

Für die Durchbildung eines für alle praktisch vorkommenden Werte des Leistungsfaktors richtig zeigenden Scheinverbrauchzählers liegen verschiedene Lösungen[8]) vor, von denen sich einstweilen nur eine in Deutschland in die Praxis einführen konnte. Diese Lösung beruht prinzipiell auf der Verwendung zweier Scheinverbrauchzähler der eben besprochenen Art, von denen jeder für einen bestimmten Leistungsfaktor geeicht ist, also einen bestimmten Bereich des Leistungsfaktors umfaßt. Durch Übergang der Registrierung von einem Meßsystem auf das andere bei Überschreitung der festgelegten Grenze des Leistungsfaktors ist eine richtige Zählerangabe für einen weiten Bereich des Leistungsfaktors gegeben. Zur Erläuterung dieses Meßprinzipes diene uns die Abb. 16.

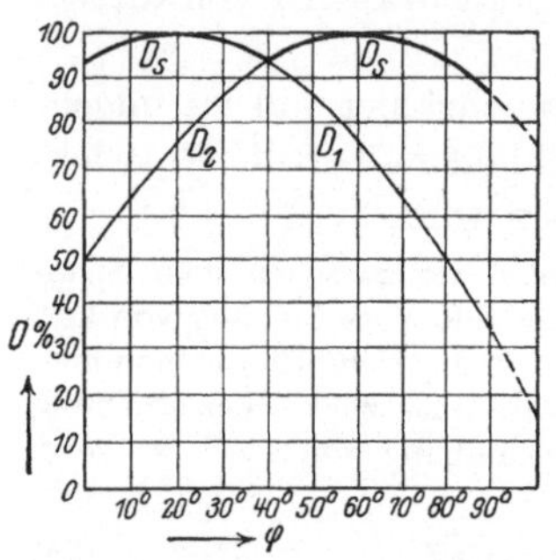

Abb. 16. Drehmoment des Scheinverbrauchzählers in Abhängigkeit vom Leistungsfaktor.

Legen wir zwei Sinuskurven in der Weise, daß ihre Maximalwerte bei 20° bzw. bei 60° auftreten und zeichnen für die von den beiden Kurven und der Abszisse, in den Grenzen von 0° bis 90°, umfaßte Fläche die Grenzkurve, so erhalten wir den stark ausgezogenen Linienzug D_s, der das für die Registrierung wirksame Drehmoment des Scheinverbrauchzählers in Abhängigkeit vom Leistungsfaktor angibt. Die maximalen Abweichungen vom Sollwert des Drehmomentes betragen ca. 6%, sofern man die Werte

---

[8]) Von einer Besprechung der Scheinverbrauchzähler, die die Registrierung auf mechanischem Wege erreichen (Innes und Bäumler) sehen wir ab, da diese Apparate in Deutschland eine praktische Bedeutung noch nicht erlangt haben. Siehe darüber Möllinger: Wirkungsweise der Motorzähler und Meßwandler, 2. Auflage. Berlin: Julius Springer 1925.

zwischen 80° und 90° Phasenverschiebung ($\cos\varphi = 0{,}17$ bis 0,0) außer Betracht läßt. Durch entsprechende Einstellung der Tourenzahl mittels Bremsmagnet kann der zusätzliche Fehler von $\varphi = 0^0$ bis $\varphi = 80^0$ auf $\pm 3\%$ beschränkt werden.

Praktisch wird die Messung der Scheinlast bzw. des Scheinverbrauches in der eben geschilderten Weise z. B. von der Körting & Mathiesen A.-G. durchgeführt.

Bei der Scheinverbrauchmessung eines gleichbelasteten Drehstromsystems führt Körting & Mathiesen jeweils die Drehstrommessung auf eine einphasige Messung zurück, um ein System des Drehstromzählers frei zu bekommen und so die Scheinverbrauchmessung mit einem Drehstromzähler normaler Bauart durchführen zu können. Die Stromspulen der beiden Systeme sind hintereinander geschaltet. Von den Spannungsspulen liegt jedoch stets nur eine an Spannung. Sie werden von einem $\cos\varphi$-Relais, das auf den Grenzwert des Leistungsfaktors der beiden Systeme, auf 40°, abgeglichen ist, ein- bzw. ausgeschaltet. Bei Über- oder Unterschreitung dieses Wertes ist also jeweils die Spannungsspule des einen oder anderen Systems erregt. Gemäß dem oben Erläuterten erhält das eine System (I) eine zusätzliche Verschiebung von 20°; es zeigt dann den Scheinverbrauch in den Grenzen von 0° bis 40° mit einem Fehler von $\pm 3\%$ richtig an. Das andere System (II) erhält eine zusätzliche Verschiebung von 60°, umfaßt also den Bereich von 40° bis 80° Phasenverschiebung mit der gleichen Genauigkeit. Die durch diese zusätzlichen Verschiebungen bedingten Gesamtverschiebungen von 110° bzw. 150° erreicht man teils durch Kunstschaltung, teils durch innere Abgleichung: durch Erregung der Systeme mit der verketteten Spannung statt der Phasenspannung, verbleiben für die innere Abgleichung bei System (I) noch 80°, bei System (II) noch 60°.

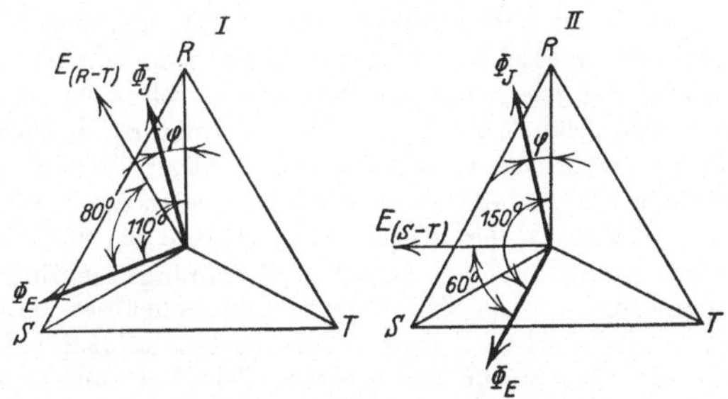

Abb. 17. Diagramm des Scheinverbrauchzählers für gleichbelastete Phasen; System I und II.

Aus den Diagrammen der Abb. 17 lassen sich die Drehmomentsgleichungen der beiden Systeme wie folgt ablesen:

$$D_1 = \Phi J \cdot \Phi E \cdot \sin(110^0 - \varphi)\,, \tag{39}$$

$$D_2 = \Phi J \cdot \Phi E \cdot \sin(150^0 - \varphi)\,, \tag{40}$$

woraus sich durch Umformung, Berücksichtigung der Drehstromkonstanten und Einführung der Spannungen und der Ströme statt der Flüsse die Gleichungen

$$D_1 = \sqrt{3} \cdot E \cdot J \cdot \cos(20^0 - \varphi), \tag{41}$$

$$D_2 = \sqrt{3} \cdot E \cdot J \cdot \cos(60^0 - \varphi) \tag{42}$$

ergeben, also Werte, die innerhalb der angenommenen Grenzen mit einer Genauigkeit von $\pm 3\%$ als konstant angesehen werden können.

Der eben besprochene Scheinverbrauchzähler eignet sich nur zur Messung in gleichbelasteten Drehstromnetzen. Zur Messung ungleich belasteter Drehstromnetze ist außer der Kunstschaltung und dem $\cos\varphi$-Relais noch ein Schalter nötig, so daß das Gesamtaggregat außerordentlich umständlich wird und in seiner praktischen Verwendung sehr beschränkt bleibt.

Auch der Scheinverbrauchzähler für ungleich belastete Phasen besteht aus zwei messenden Systemen, die jedoch nicht wechselweise, sondern gleichzeitig erregt werden. Der Zähler selbst ist ein Scheinverbrauchzähler der eben erläuterten Art in Zweiwattmeter-Schaltung, der für den Bereich 40^0 bis 80^0 Phasenverschiebung geeicht ist. Sobald die Phasenverschiebung geringer ist wie 40^0, wird durch Schließen eines Schalters die Abgleichung der Systeme in der Weise geändert, daß bei 20^0 Phasenverschiebung eine Abgleichung von 90^0 zwischen Spannungstriebfluß und der erzeugenden Spannung, wie sie beim Wirkverbrauchzähler besteht, hergestellt wird. Dies wird praktisch durch Vorschalten induktionsfreier Widerstände vor die Erregerstromkreise erreicht. Die bei der Umschaltung auftretende Unterdrückung des Drehmomentes wird durch ein Zählwerkrelais ausgeglichen, das eine die Unterdrückung ausgleichende Zählwerksübersetzung einschaltet und dadurch das Zählwerk beschleunigt.

Die Aufstellung der Diagramme und Ableitung der Drehmomentsgleichungen[9]) erübrigt sich, da es sich nur um eine sinngemäße Erweiterung der oben bereits besprochenen Messung handelt. Die Drehmomentsgleichung dieses Scheinverbrauchzählers für ungleich belastete Phasen lauten:

$$\text{I}: D_I = \Phi J' \cdot \Phi E' \cdot \cos(50^0 - \varphi) + \Phi J'' \cdot \Phi E'' \cdot \cos(10^0 + \varphi), \tag{43}$$

$$\text{II}: D_{II} = \Phi J_1 \cdot \Phi E_1 \cdot \sin\varphi + \Phi J_2 \cdot \Phi E_2 \cdot \cos(30^0 - \varphi). \tag{44}$$

Wir führen die Gleichungen hier an, um an Hand von Kurven, die aus diesen Gleichungen gewonnen wurden, die Wirkungsweise des besprochenen Scheinverbrauchzählers zu erläutern.

---

[9]) Siehe Kopp: ETZ 1926.

Tragen wir die Teildrehmomente der beiden Gleichungen (43) und (44) der Gesamtdrehmomente D_I und D_{II} in Kurvenform auf, so erhalten wir Abb. 18 mit den Kurven

$$a = \sin \varphi,$$
$$b = \cos (30^0 - \varphi),$$
$$c = \cos (50^0 - \varphi),$$
$$d = \cos (10^0 + \varphi).$$

Unter Berücksichtigung der Grenzen, innerhalb deren diese Teildrehmomente gelten, erhalten wir durch Addieren das Gesamtdrehmoment D_g. Durch entsprechende Regelung der Tourenzahl mittels Bremsmagnet kann auch hier der Fehler auf $\pm$ 3% beschränkt werden. Es muß dabei allerdings bei der Umschaltung der Abgleichung der Systeme durch gleichzeitige Ein-

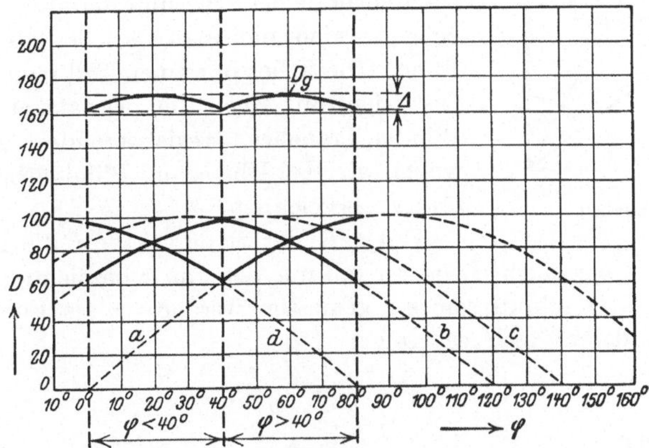

Abb. 18. Gesamtdrehmoment und Teildrehmomente des Scheinverbrauchzählers für ungleich belastete Phasen.

schaltung einer geeigneten Zählwerkübersetzung die Zählerkonstante gewahrt werden.

Die Konstruktion eines für alle praktisch auftretenden Werte des Leistungsfaktors richtig zeigenden Scheinverbrauchzählers, wie sie z. B. die AEG nach einem Patent der General Elektric Company ausführt, beruht auf dem gleichen Meßprinzip wie der eben besprochene Apparat von Körting & Mathiesen; nur ist die Registrierung der Kilovoltamperstunden selbst in eleganterer Form durch Verwendung eines Überholungsgetriebes gelöst. Beim Überholungsgetriebe wird das Zählwerk und ein evtl. vorhandener Maximumzeiger stets von dem System angetrieben, das die größere Drehzahl hervorruft[10]).

[10]) Siehe Möllinger: Wirkungsweise der Motorzähler und Meßwandler. 2. Auflage. Berlin: Julius Springer 1925.

c) Der Überschuß-Blindverbrauchzähler.

Es wird verschiedentlich die Behauptung aufgestellt, daß die Verrechnung nach den Angaben des reinen Blindverbrauchzählers insofern eine gewisse Ungerechtigkeit darstelle, als damit ja der gesamte Blindverbrauch registriert werde, während die Werke bei der Dimensionierung der Maschinen, Leitungen usw. von der Scheinlast ausgingen, also eine gewisse Phasenverschiebung schon berücksichtigt haben. Der dieser Phasenverschiebung entsprechende Blindverbrauch kann in den Gestehungskosten des Stromes bereits enthalten sein. Einer Doppelverechnung des Blindverbrauches soll nun dadurch vorgebeugt werden, daß man statt des gesamten Blindverbrauches nur einen Teil registriert. Derartige, nur einen Teil des tatsächlichen Blindverbrauches registrierende Zähler wollen wir als „Überschuß-Blindverbrauchzähler“ bezeichnen.

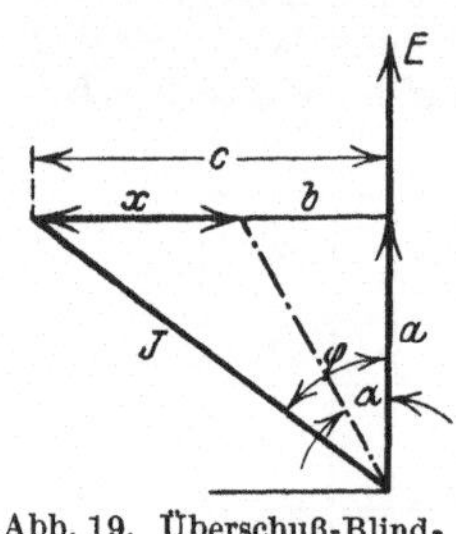

Abb. 19. Überschuß-Blindverbrauch.

Hat z. B. der Stromvektor J die in der Abb. 19 angegebene Lage, so soll nur der mit x bezeichnete Teil des gesamten Blindstromes c gemessen werden. x als Funktion von φ bestimmt sich wie folgt:

$$\operatorname{tg}\varphi = \frac{c}{a} = \frac{x+b}{a}, \tag{45}$$

es ist aber

$$\operatorname{tg}\alpha = \frac{b}{a} \tag{46}$$

und somit

$$\operatorname{tg}\varphi = \frac{x}{a} + \operatorname{tg}\alpha, \tag{47}$$

daraus ergibt sich

$$x = (\operatorname{tg}\varphi - \operatorname{tg}\alpha)\cdot a, \tag{48}$$

$$x = J\cdot\cos\varphi\,(\operatorname{tg}\varphi - \operatorname{tg}\alpha), \tag{49}$$

$$x = J\cdot(\sin\varphi - \operatorname{tg}\alpha\cdot\cos\varphi). \tag{50}$$

Ein Überschuß-Blindverbrauchzähler registriert demnach die Größe

$$A_{\ddot{U}B} = E\cdot J\cdot(\sin\varphi - \operatorname{tg}\alpha\cdot\cos\varphi)\cdot t. \tag{51}$$

Für $\varphi = \alpha$ wird der Klammerausdruck zu Null, d. h. der Zähler bleibt stehen. Ist φ größer als α, so läuft der Zähler in der einen Richtung, für $\varphi < \alpha$ in der anderen Richtung. Man sagt: „Der Zähler ist auf α^0 (bzw. $\cos\alpha$) abgeglichen“.

Die Bezeichnung „Überschuß-Blindverbrauchzähler" rechtfertigt sich demnach eigentlich nur für Leistungsfaktoren, die kleiner sind als dem Kosinus des Abgleichwinkels entspricht. Ist $\cos\varphi > \cos\alpha$, so ändert der Zähler seine Drehrichtung und registriert eine Größe, die mit dem tatsächlichen Blindverbrauch in keinem Zusammenhang mehr steht. Dies muß bei allen Auseinandersetzungen über den Überschuß-Blindverbrauchzähler berücksichtigt werden.

Wie wir in einem früheren Abschnitt der Abhandlung gesehen haben, erhält man aus dem Wirkverbrauchzähler den Blindverbrauchzähler durch Vorverschieben des Spannungsfeldes um 90^0. Beträgt diese Vorverschiebung nicht 90^0, sondern $(90^0 - \alpha^0)$, so erhält man den auf α^0 abgeglichenen Blindverbrauchzähler, der bei einer Phasenverschiebung von $\varphi = \alpha$ stehenbleibt.

Die Drehmomente ergeben sich nach Abb. 20 zu:

$$D_1 = \Phi_J' \cdot \Phi_E' \cdot \sin[(30^0 + (\varphi - \alpha)], \qquad (52)$$

$$D_2 = \Phi_J'' \cdot \Phi_E'' \cdot \sin[(30^0 - (\varphi - \alpha)]. \qquad (53)$$

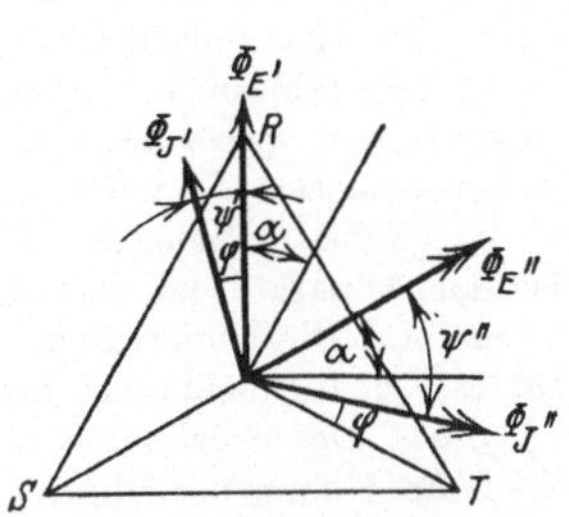

Abb. 20. Diagramm des Überschuß-Blindverbrauchzählers.

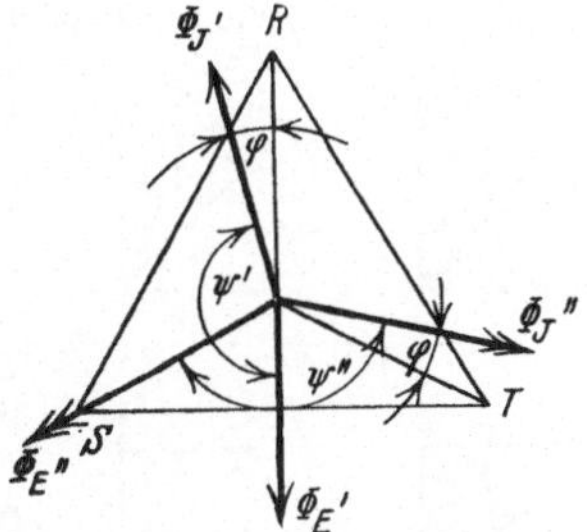

Abb. 21. Diagramm eines Blindverbrauchzählers in Schmittscher Schaltung.

Diese Teildrehmomente entsprechen denen des Blindverbrauchzählers, nur steht hier statt des Winkels φ der Klammerausdruck $(\varphi - \alpha)$; es ist die Gleichung des auf α^0 abgeglichenen Überschuß-Blindverbrauchzählers.

Einen Spezialfall des Überschuß-Blindverbrauchzählers stellt der Schmittsche Zähler dar. Bei dem Zähler in Schmittscher Schaltung ist $\alpha = 30^0$. Bei diesem Wert der Phasenverschiebung bleibt der Zähler stehen. Dies wird nach dem Vorschlage von Schmitt durch zyklisches Vertauschen der den einzelnen Systemen zugewiesenen Spannungen erreicht. Aus dem Diagramm der Abb. 21

lassen sich die Winkel ψ' und ψ'' und damit die Drehmomentsgleichungen wie folgt ablesen.

$$\psi' = 180^0 - \varphi, \qquad (54)$$

$$\psi'' = 120^0 + \varphi. \qquad (55)$$

Damit wird

$$D = \Phi'_J \cdot \Phi'_E \cdot \sin(180^0 - \varphi) - \Phi''_J \cdot \Phi''_E \cdot \sin(120^0 + \varphi), \qquad (56)$$

$$D = \Phi'_J \cdot \Phi'_E \cdot \sin\varphi - \Phi''_J \cdot \Phi''_E \cdot \sin(60^0 - \varphi).$$

Für $\varphi = 30^0$ wird das Drehmoment zu Null. Der Vorteil des Schmittschen Zählers beruht darin, daß bei richtiger Vertauschung der Spannungsanschlüsse jeder Wirkverbrauchzähler ohne irgendwelche Neueichung als Überschuß-blind-verbrauchzähler[11]) ver-

[11]) Dem Überschuß-Blindverbrauchzähler und dessen Spezialfall, dem Schmittschen Zähler, steht das $\cos\varphi$-Relais in Verbindung mit einem reinen Blindverbrauchzähler gegenüber. Man findet des öfteren die irrtümliche Auffassung, daß der Überschuß-Blindverbrauchzähler bzw. der Schmittsche Zähler den über oder unter einem bestimmten Leistungsfaktor entnommenen Blindverbrauch registriere. Dies trifft nicht zu. Den über oder unter einem gewissen Leistungsfaktor entnommenen Blindverbrauch kann man nur durch die Kombination eines reinen Blindverbrauchzählesr mit einem $\cos\varphi$-Relais registrieren, wobei das $\cos\varphi$-Relais auf den gewünschten Wert des Leistungsfaktors abgeglichen sein muß. Die Wirkungsweise der Apparate ist aus der Abb. 22 zu erkennen. Die beiden Figuren links gelten für $\varphi > \alpha$, die beiden rechten Figuren für $\varphi < \alpha$. Der Abgleichwinkel beträgt sowohl beim Überschuß-Blindverbrauchzähler wie auch beim $\cos\varphi$-Relais α^0. Solange $\varphi < \alpha$ bleibt, spricht das $\cos\varphi$-Relais nicht an; eine Registrierung des Blindverbrauches unterbleibt. Der Überschuß-Blindverbrauchzähler registriert dann den Wert

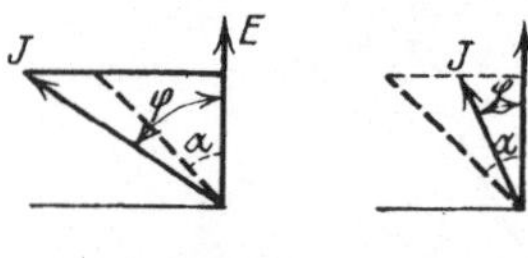

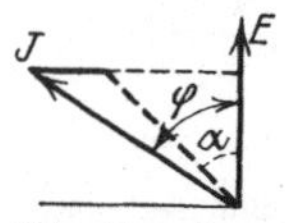

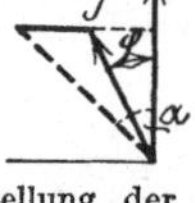

Abb. 22. Gegenüberstellung der Meßresultate eines Überschuß-Blindverbrauchzählers und eines reinen Blindverbrauchzählers mit $\cos\varphi$-Relais.

$$A_{\ddot{U}B} = E \cdot J \cdot (\sin\varphi - \operatorname{tg}\alpha \cdot \cos\varphi) \cdot t, \qquad (13\,a)$$

eine Größe, die, wie wir gesehen haben, mit dem bei der angegebenen Belastung auftretenden Blindverbrauch in keiner Beziehung steht.

Wird φ größer als α, so schaltet das $\cos\varphi$-Relais den reinen Blindverbrauchzähler ein, so daß nunmehr der gesamte Blindverbrauch registriert wird. Auch mit einem von einem $\cos\varphi$-Relais gesteuerten Blindverbrauchzähler kann man zunächst nur den unter einem festgelegten Leistungsfaktor entnommenen Blindverbrauch registrieren. Soll dagegen auch noch der über den festgesetzten Leistungsfaktor entnommene Blindverbrauch wendet werden kann. Allerdings legt man sich bei Verwendung eines derartigen Zählers auf einen ziemlich hohen Wert des mittleren Leistungsfaktors, nämlich $\cos\varphi = 0{,}866$, fest, so daß dem Konsumenten nur ein verhältnismäßig kleiner zulässiger Phasenverschiebungswinkel zur Verfügung steht.

d) Der Wirk-Blindverbrauchzähler.

Der allgemeine Wirk-Blindverbrauchzähler registriert eine bestimmte algebraische Summe des Wirkverbrauches und des Blindverbrauches. Das Drehmoment dieses Zählers ist allgemein durch die Formel (57) gegeben.

$$D_{WB} = E \cdot J \cdot (c_1 \cdot \cos\varphi + c_2 \cdot \sin\varphi). \quad (57)$$

Je nach der Größe der Konstanten c_1 bzw. c_2 bzw. dem Größenverhältnis dieser beiden Konstanten zueinander ergeben sich die verschiedenen Abarten des Wirk-Blindverbrauchzählers.

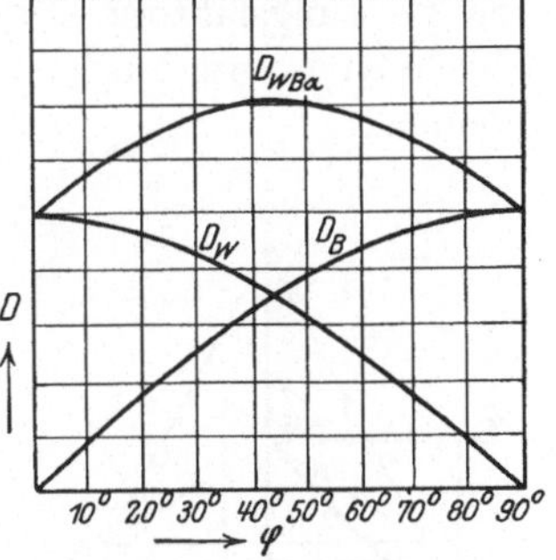

Abb. 23. Drehmoment des Wirk-Blindverbrauchzählers.

α) $c_1 = c_2$. Mit dieser Bedingung wird die obige Gleichung des allgemeinen Wirk-Blindverbrauchzählers zu der des reinen Wirk-Blindverbrauchzählers, wie ihn z. B. die Isaria-Zählerwerke bauen. Das Drehmoment des reinen Wirk-Blindverbrauchzählers hat den in Abb. 23 angegebenen Verlauf. Die mit $D_{WB\alpha}$ bezeichete Kurve stellt die Summe aus der cos-Kurve D_W und der sin-Kurve D_B dar.

Der Verlauf des Drehmomentes dieses Zählers nach der Kurve $D_{WB\alpha}$ wird durch eine innere Verschiebung von 135° gegenüber 90° beim Wirkverbrauchzähler und 0° bzw. 180° beim reinen Blindverbrauchzähler erreicht. Denkt man sich das Drehmoment des Wirk-Blindverbrauchzählers dadurch entstanden, daß man die Systeme je eines Wirkverbrauch- und eines Blindverbrauchzählers auf die gleiche Scheibe wirken läßt, so ergibt die Addition der Spannungsfeldvektoren einen neuen Vektor, der gegenüber dem Stromfeld eine Verschiebung von 135° und eine Vergrößerung im Verhältnis $\sqrt{2}:1$ aufweist (Abb. 24). Um bei induktionsfreier Belastung

---

registriert werden, so ist das $\cos\varphi$-Relais mit einer zweiten Schaltstellung zu versehen, damit es zwei reine Blindverbrauchzähler wechselweise aus- und einschalten kann.

den Wert des Drehmomentes zu erhalten, den der Zähler normalerweise bei 45° Verschiebung haben würde, muß man die Amperwindungszahl des Wirk-Blindverbrauchzählers im vorgenannten Verhältnis erhöhen, oder die Unterdrückung im Zählwerk ausgleichen.

Der reine Wirk-Blindverbrauchzähler ist hauptsächlich zur Bestimmung des „mittleren" Leistungsfaktors gebaut worden. Da die Verrechnung unter Zugrundelegung eines mittleren Leistungsfaktors zur Zeit die am häufigsten vorkommende Verrechnungsart ist, so ist in Abb. 25 die Kurve wiedergegeben, aus der die Werte des mittleren Leistungsfaktors abgelesen werden können.

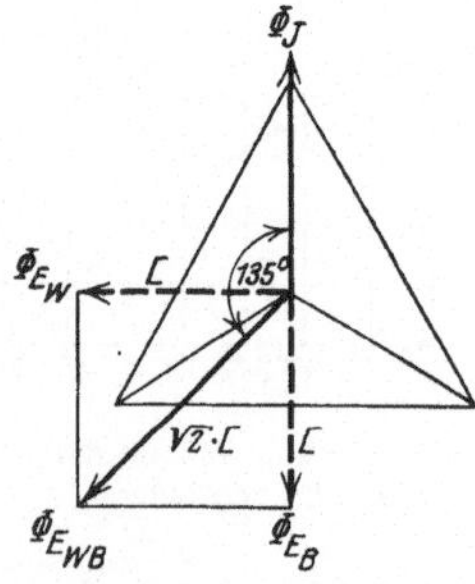

Abb. 24. Diagramm des Wirk-Blindverbrauchzählers.

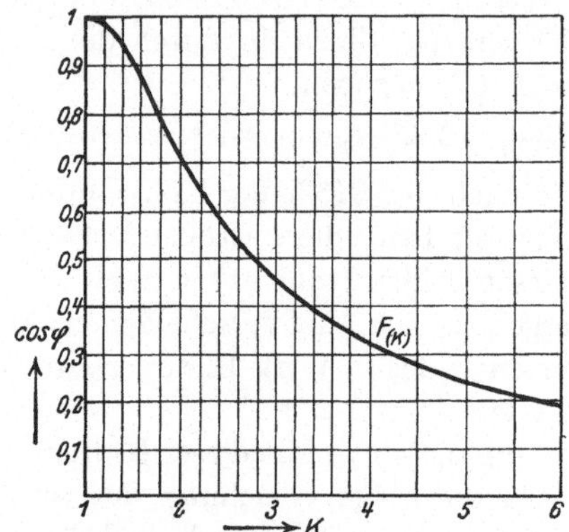

Abb. 25. Kurve zur Bestimmung des Leistungsfaktors aus den Angaben eines Wirk- und eines Wirk-Blindverbrauchzählers.

Man dividiert hierzu einfach die Angaben eines Wirk-Blindverbrauchzählers durch die des Wirkverbrauchzählers und erhält so die Gleichung:

$$\frac{D_{WB\alpha}}{D_W} = 1 + \operatorname{tg} \varphi = K. \qquad (58)$$

Für jeden Wert von K ergibt die Kurve den zugehörigen Wert von $\operatorname{tg} \varphi$ und somit den mittleren Leistungsfaktor. Aus den Angaben des Wirk-Blindverbrauchzählers und eines Wirkverbrauchzählers kann man durch Differenzbildung auch den reinen Blindverbrauch bestimmen.

Die gleichen Ergebnisse liefert in einfacherer Weise der reine Blindverbrauchzähler, so daß dem Wirk-Blindverbrauchzähler ein besonderer technischer Vorteil nicht zugesprochen werden kann.

Auf den evtl. Wert des Wirk-Blindverbrauchzählers für die Verlustrechnung kommen wir noch an anderer Stelle zu sprechen.

β) $\boldsymbol{c_1 = n \cdot c_2}$. Mit dieser Bedingung zeigt der Wirk-Blindverbrauchzähler die Wirkverbrauchkomponente in ihrer wirklichen Größe, die Blindverbrauchkomponente jedoch nur zu einem bestimmten Bruchteil an. Die Formel für das Drehmoment dieses Zählers wird also zu

$$D_{WB\beta} = E \cdot J \cdot \left(\cos\varphi + \frac{1}{n} \cdot \sin\varphi\right). \tag{59}$$

Für n können verschiedene Werte eingesetzt werden, die jeweils den wirtschaftlichen und betriebstechnischen Erwägungen anzupassen sind.

Bei dem von Kopp entwickelten Sicosummenzähler, der einen Spezialfall des Wirk-Blindverbrauchzählers darstellt, ist für n der Wert 5 angenommen, ein Wert, der aus den Stromgestehungskosten hergeleitet ist. Der Sicosummenzähler zeigt also außer dem gesamten Wirkverbrauch auch noch 20% des reinen Blindverbrauches in einem Zählwerk an. Auf die Begründung der Höhe dieses Prozentsatzes werden wir noch an anderer Stelle zu sprechen kommen.

Den Sicosummenzähler erhält man aus einem Wirkverbrauchzähler durch eine besondere Abgleichung. Der normalerweise auf 90° abgeglichene Zähler erhält eine zusätzliche Verschiebung von ψ^0, wodurch sein Drehmoment folgende Abhängigkeit erhält.

$$D_{WB\beta} = E \cdot J \cdot \cos(\psi - \varphi) \cdot t. \tag{60}$$

Um also bei $\cos\varphi = 1$ richtige Werte des Drehmomentes zu erhalten, muß man den Korrektionsfaktor

$$F = \frac{1}{\cos\psi}$$

einführen. Die Beziehung zwischen dem Winkel ψ und dem Wert $\left(\frac{1}{n}\right)$ ergibt sich aus den Drehmomentsgleichungen zu

$$E \cdot J\left(\cos\varphi + \frac{1}{5} \cdot \sin\varphi\right) = E \cdot J \cdot \cos(\psi - \varphi) \cdot \frac{1}{\cos\psi}, \tag{61}$$

$$\left(\cos\varphi + \frac{1}{5} \cdot \sin\varphi\right) = \frac{\cos\psi \cdot \cos\varphi + \sin\psi \cdot \sin\varphi}{\cos\psi}, \tag{62}$$

$$\left(\cos\varphi + \frac{1}{5} \cdot \sin\varphi\right) = \cos\varphi + \frac{\sin\psi \cdot \sin\varphi}{\cos\psi}. \tag{63}$$

Diese Gleichung ist erfüllt für

$$\frac{\sin\psi}{\cos\psi} = \operatorname{tg}\psi = \frac{1}{5}, \quad \text{also } \psi = 11^0\,20'. \tag{64}$$

Der Sicosummenzähler hat demnach eine innere Verschiebung von $(90^0 + 11^0 20')$. Die maximale Drehzahl des Zählers ist im Verhältnis $1 : \cos 11^0 20'$ größer wie die des Wirkverbrauchzählers bei $\cos\varphi = 1$.

Die Abb. 26 zeigt den Verlauf des Drehmomentes $D_{WB\beta}$ des Sicosummenzählers in Abhängigkeit von der Phasenverschiebung. Wie aus der Abbildung ersichtlich, geht die Kurve bei $\cos\varphi = 1$ durch den gleichen Punkt wie die Drehmomentskurve des Wirkverbrauchzählers, d. h. für $\cos\varphi = 1$ wird der Sicosummenzähler zum Wirkverbrauchzähler. Bei Nacheilung treten Zuschläge, bei Voreilung Abschläge auf die Anzeigen eines Wirkverbrauchzählers ein.

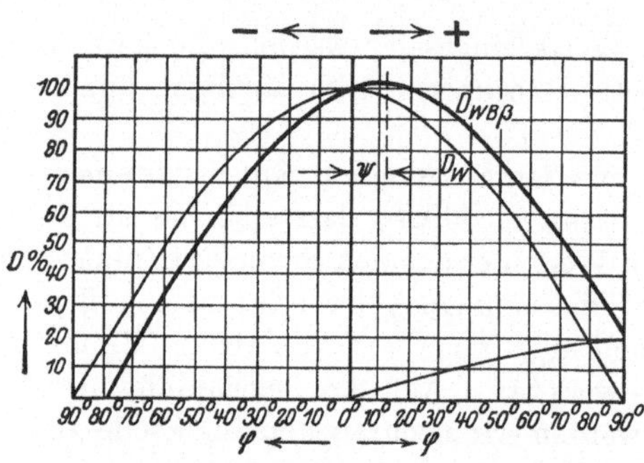

Abb. 26. Drehmoment eines Sicosummenzählers in Abhängigkeit von φ; Voreilung: —, Nacheilung: +.

Den Standpunkt, Abnehmern mit Blindstromrücklieferung (also mit kapazitivem Charakter) Vergütung zu gewähren, da sie es erlauben, die Erregung der Generatoren zu schwächen, kann man noch weiter dahingehend ausbauen, daß man den Abnehmern eine Vergütung nicht erst bei dem Leistungsfaktor 1 oder Blindstromrücklieferung, sondern schon bei einem niedrigeren Leistungsfaktor einräumt. Aus diesem Gesichtspunkte entstanden die Rabatt- und Zuschagzähler.

e) Rabatt- und Zuschlagzähler.

Die Rabatt- und Zuschlagzähler sind ausgesprochene Mischverbrauchzähler. Sie registrieren eine komplexe Größe und zeigen nur bei dem Leistungsfaktor, für den sie geeicht sind, den Wirkverbrauch, bei Über- und Unterschreitung des festgelegten Leistungsfaktors eine Größe, die mit dem tatsächlichen Wirk- bzw. Blindverbrauch nur noch in funktionellem Zusammenhang steht. Auch diese Zähler kann man als Wirk-Blindverbrauchzähler bezeichnen. Wir werden auf ihre Verwandtschaft mit dem Überschuß-Blindverbrauchzähler noch später zu sprechen kommen.

Der Rabatt- und Zuschlagzähler erhält ein zusätzliches Drehmoment, das bei Überschreitung eines bestimmten Leistungsfaktors additiv, bei Unterschreitung subtrahiv wirkt. Es treten im ersten Falle, bei Verschlechterung des Leistungsfaktors, Zuschläge, bei Verbesserung des Leistungsfaktors Rabatte ein. Der Zähler muß demnach zwei Funktionen übernehmen: einerseits muß er auf den festgesetzten Wert des Leistungsfaktors abgeglichen sein, andererseits muß der Prozentsatz des Zuschlages bzw. des Rabattes am Zählwerk zum Ausdruck kommen.

Die Erfüllung dieser beiden Forderungen beruht in der Auflösung zweier Gleichungen. Da für einen bestimmten Wert des Leistungsfaktors das Drehmoment des Zählers gleich dem des Wirkverbrauchzählers sein soll, so ergibt sich die erste Bedingungsgleichung zu

$$D_R = E \cdot J \cdot \cos\varphi + \frac{1}{n} \cdot E \cdot J \cdot \sin\varphi\,, \tag{65}$$

$$D_{R_0} = E \cdot J \cdot \cos\varphi\,, \tag{66}$$

daraus ergibt sich die Konstante C zu

$$C = \frac{\cos\varphi}{\cos\varphi + \frac{1}{n} \cdot \sin\varphi}\,. \tag{67}$$

Dabei bedeutet φ den Wert des Leistungsfaktors, für den der Rabatt- und Zuschlagzähler weder Rabatte noch Zuschläge registriert. n ist die Verhältniszahl, die die Wertigkeit des Blindstromes im Verhältnis zum Wirkstrom angibt. Das Drehmoment des Zählers muß bei $\cos\varphi = 1$ im Verhältnis C kleiner sein, als das Drehmoment des Wirkverbrauchzählers. Entsprechend der Forderung bei $\cos\varphi = 1$ einen bestimmten Rabatt zu gewähren, wird die Drehmomentsgleichung zu

$$D_R = C \cdot \left(E \cdot J \cdot \cos\varphi + \frac{1}{n} \cdot E \cdot J \cdot \sin\varphi\right), \tag{68}$$

wobei zwischen C und n die obige Beziehung gilt. Durch Wahl von C oder n, die wie gesagt voneinander abhängig sind, ist man in der Lage, dem Zähler das gewünschte Drehmoment zu geben, da ja außer dem Drehmoment auch noch der Verschiebungswinkel durch den Wert

$$\frac{1}{n} = \operatorname{tg}\psi \tag{69}$$

festgelegt ist.

Die Auswertung der obigen Gleichungen ergibt unter bestimmten Annahmen über den zuschlagfreien Leistungsfaktor und über die Höhe des Rabattes bei $\cos\varphi = 1$ die in Abb. 27 wiedergegebenen Kurven.

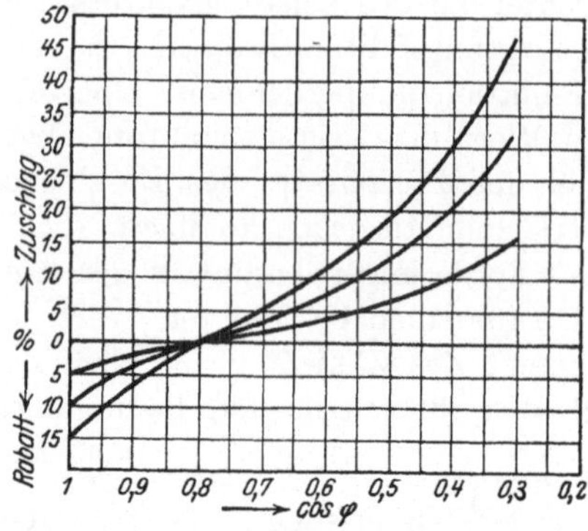

Abb. 27. Angaben des Rabatt- und Zuschlagzählers in Abhängigkeit vom Leistungsfaktor bei einem Normalleistungsfaktor von 0,8.

Der Rabatt- und Zuschlagzähler bringt dem Abnehmer in sehr anschaulicher Weise den mit einem guten Leistungsfaktor verbundenen Vorteil zum Bewußtsein. Seine Verbreitung scheitert jedoch an der schwierigen Eichung des Apparates, der, wie alle derartigen Zähler, in Deutschland nicht beglaubigungsfähig ist, da er keine gesetzlich anerkannte Größe registriert.

f) Arno-Zähler.

Der Arno-Zähler registriert eine komplexe Größe, die gegeben ist durch die Formel

$$A_{\text{arno}} = (c_1 \cdot E \cdot J \cdot \cos\varphi + c_2 \cdot E \cdot J) \cdot t\,. \tag{70}$$

Arno ist zu dieser Formel auf Grund zahlreicher Erhebungen gekommen, wobei er für die Konstanten c_1 und c_2 die Werte

$$c_1 = \frac{2}{3} \qquad \text{und} \qquad c_2 = \frac{1}{3}$$

als beste Annäherung an die Stromerzeugungskosten fand.

Diese empirisch ermittelten Werte für die Konstanten der vom Arno-Zähler registrierten komplexen Größe gewinnen an Bedeutung durch einen Vergleich mit der von dem Sicosummenzähler registrierten Größe. Setzt man nämlich die Gleichung für den Arno-Zähler und die des Sicosummenzählers unter Einführung einer Unbekannten einander gleich, so erhält man für diese Unbekannte Werte, die zwischen $\cos\varphi = 1$ und $\cos\varphi = 0{,}3$ annähernd als konstant (die Abweichung beträgt ca. $\pm 7\%$) angesehen werden können. Für alle praktisch vorkommenden Werte des Leistungsfaktors ergeben also der Arno- und der Sicosummenzähler annähernd übereinstimmende Werte. Es muß dabei allerdings berücksichtigt werden, und Kopp weist m. E. mit Recht darauf hin, daß die wirklichen Anzeigen des Arno-Zählers von den Sollwerten erheblich abweichen, was beim Sicosummenzähler nicht der Fall ist. Der tatsächliche Unterschied zwischen den Anzeigen der beiden Apparate wird also größer sein als er sich aus den Sollwerten ergibt.

Der Arno-Zähler hat für Deutschland eine praktische Bedeutung nicht erlangt, da eine Verrechnung nach seinen Angaben nicht zulässig ist. Wir können daher von einer näheren Besprechung des Apparates und seiner Wirkungsweise absehen.

II. Die Messung des phasenverschobenen Stromes.

Nach der Besprechung der Mittel zur Messung des phasenverschobenen Stromes wollen wir uns der Messung selbst zuwenden. Eine Unterteilung des zu behandelnden Stoffes ergibt sich von selbst: die Messung bei reinen Abnehmern und die Messung bei parallelarbeitenden Werken. Bei jeder der beiden Gruppen wollen wir jeweils zu der Frage ,,kVA oder kS" besonders Stellung nehmen.

Um einen brauchbaren Vergleichsmaßstab für die von den einzelnen Instrumenten verzeichneten Größen zu erhalten, bedienen wir uns im nachstehenden der sehr anschaulichen Darstellung im Liniendiagramm. Diese Darstellung hat den großen Vorteil, daß die auftretenden Flächen bei geeigneter Wahl des Ordinatenmaßstabes unmittelbar die Arbeitsintegrale darstellen, die Zählerangaben also durch Flächen wiedergegeben werden. Dadurch lassen sich ungemein anschauliche und klare Vergleiche durchführen. Das ,,flächengetreue Liniendiagramm" — wenn ich mich so ausdrücken darf — ist natürlich nur zum Vergleich gleichartiger Größen bzw. gleichartiger Abhängigkeiten anwendbar.

Für Apparate, die eine komplexe Größe registrieren, läßt sich als Vergleichsmaßstab zweckmäßig die Abhängigkeit

$$A_x = F(\varphi)$$

verwenden. A ist dabei in Prozenten des Wirkverbrauches angegeben. Durch Einsetzen bestimmter Wertigkeiten für den

Blindstrom kann man auch das Liniendiagramm auf die Form $A_x = F(\varphi)$ überführen und gewinnt dadurch die Möglichkeit zu einem Gesamtvergleich.

1. Die Messung des phasenverschobenen Stromes bei Abnehmern.

Den Begriff „Stromabnehmer" legen wir gemäß den Gepflogenheiten der Praxis dahingehend fest, daß darunter Stromkonsumenten zu verstehen sind, die Wirkstrom nicht rückliefern können. Bei dieser Definition bleibt die Rücklieferung von Blindstrom noch offen. Wir haben demnach bei Abnehmern schlechthin noch zu unterscheiden zwischen Abnehmern, die weder Wirkstrom noch Blindstrom rückliefern und Abnehmern, deren Verbrauchsapparate eine Rücklieferung von Blindstrom zulassen. Von den Ausführungen in der Einleitung des Buches Gebrauch machend, legen wir die Art des Abnehmers durch Vorzeichen fest und unterscheiden demgemäß zwischen Abnehmern mit (+)-Wirkstrom und (+)-Blindstrom und Abnehmern mit (+)-Wirkstrom, aber (+)- und (—)-Blindstrom.

a) Abnehmer mit (+)-Wirkstrom und (+)-Blindstrom.

Abnehmer dieser Art sind z. B. normale Asynchronmotore, deren Leistungsfaktor und damit Blindverbrauch mit dem Belastungsgrad schwankt. Wir nehmen eine Gruppe derartiger Asynchronmotoren an. Der Belastungsgrad der einzelnen Maschinen sei verschieden, jedoch so, daß der Belastungsgrad der gesamten Gruppe konstant bleibt, so daß wir mit einem konstanten Wirkstrom rechnen können. Die Abb. 28 veranschaulicht die Verhältnisse. Bei gleichbleibender Leistung entnehme der Abnehmer die Arbeit während der ersten drei Stunden mit einem Leistungsfaktor von $\cos\varphi = 0{,}8$;

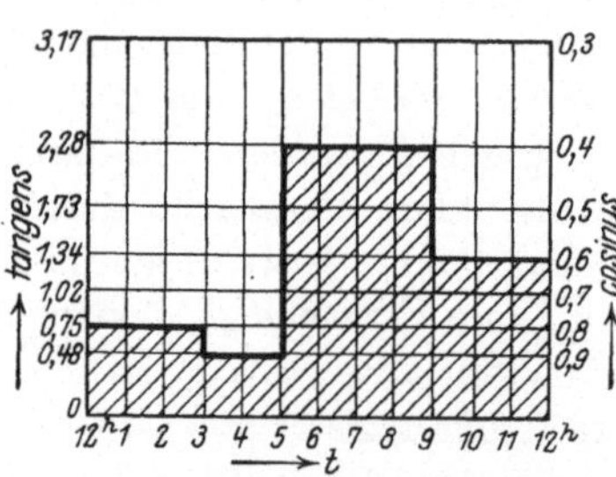

Abb. 28. Idealisiertes Blindlastdiagramm.

dann arbeitet er zwei Stunden mit $\cos\varphi = 0{,}9$; während der nächsten vier Stunden gehe der Leistungsfaktor auf 0,4 zurück; die drei letzten Stunden des betrachteten Zeitraumes betrage der Leistungsfaktor 0,6. Der stark ausgezogene Linienzug — ein idealisiertes Diagramm — stellt also das Blindlastdiagramm des Abnehmers dar. Da für die Blindlast der Tangentenmaßstab gewählt wurde, ist ihre Darstellung flächengetreu, d. h. die schraffierte Fläche stellt direkt den Blindverbrauch dar. Der vom Zähler registrierte gesamte Blindverbrauch ist jeweils das Integral der Blindlastkurve innerhalb der angegebenen Grenzen der Zeit. Der leichteren Orientierung halber sind außer den Werten der Tangentenskala (Ordinatenmaßstab) vergleichsweise auch noch die zugehörigen Werte des Leistungsfaktors aufgetragen.

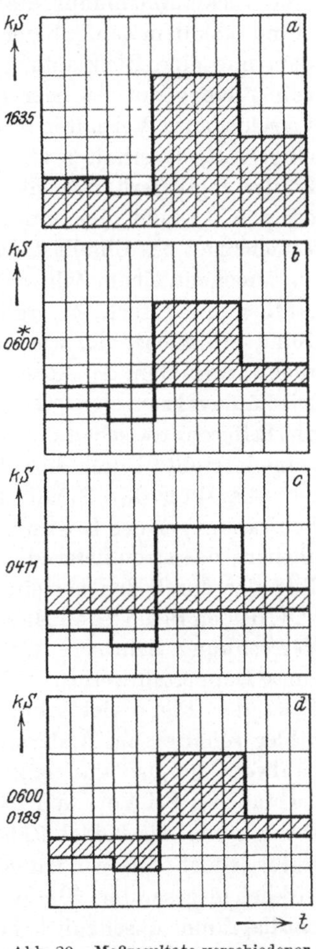

Abb. 29. Meßresultate verschiedener Blind- bzw. Mischverbrauchzähler bezogen auf ein idealisiertes Blindlastdiagramm.

Wir wollen nunmehr die früher besprochenen Instrumente in ihrer Meßwirkung an Hand des Blindlastdiagramms für den oben besprochenen Belastungsfall untersuchen.

Der Übersichtlichkeit halber ordnen wir die Diagramme, so wie sie sich bei den einzelnen Instrumenten ergeben, übereinander an. Zur Erleichterung eines quantitativen Vergleiches sind die Flächenintegrale als Zählwerkstände jeweils neben den einzelnen Blindlastdiagrammen angegeben.

In der Abb. 29 veranschaulicht a den Fall der Messung mittels des reinen Blindverbrauchzählers. Der reine Blindverbrauchzähler registriert die gesamte schraffierte Fläche in Kilosinstunden (kSh). Die Fälle b bis d veranschaulichen die Messung mit dem Überschuß-Blindverbrauchzähler. Es ist dabei angenommen, daß der Überschuß-Blindverbrauchzähler auf

$\cos\varphi = 0{,}7$ entsprechend $\operatorname{tg}\varphi = 1{,}02$ abgeglichen sei. Bei diesem Leistungsfaktor ändert er dann seine Drehrichtung, sofern nicht eine Rücklaufhemmung, die wir mit einem (*) über dem Zählwerkstand oder dem Zähler bezeichnen wollen, vorgesehen ist. Je nachdem nun eine Rücklaufhemmung im Überschuß-Blindverbrauchzähler eingebaut ist oder nicht, erhalten wir ein grundsätzlich verschiedenes Verhalten des Zählers. Ist eine Rücklaufhemmung eingebaut, so erhalten wir die Registrierung wie im Falle b: der Zähler registriert nur die zwischen der Ausgangsabszisse für $\cos\varphi = 0{,}7$ und dem unter $\cos\varphi = 0{,}7$ verlaufenden Teile des Linienzuges des Blindlastdiagrammes liegende, schraffierte Fläche, entsprechend einem Zählwerkstand von 0600. Läßt man die Rücklaufhemmung fort, so ergibt sich der Fall c. Der Überschuß-Blindverbrauchzähler wird in diesem Falle die ersten fünf Stunden rückwärts laufen, den Rest des betrachteten Zeitraumes vorwärts. Die Zählwerksanzeige 0411 entspricht der schraffierten Fläche, die die Differenz zwischen der Vorwärts- und der Rückwärtsregistrierung darstellt. Durch diese Differenzbildung im Zähler selbst wird der Charakter des Blindlastdiagrammes vollkommen verwischt. Schwankungen des Leistungsfaktors des Abnehmers werden ausgeglichen; das stromliefernde Werk erhält ein vollkommen falsches Bild der durch den betreffenden Abnehmer bedingten Belastung bzw. dessen Bedarfes an Magnetisierungsstrom. Bessere und für die Verrechnung richtigere Werte erhält man bei der Verwendung eines Doppelzählwerkes. Die Registrierung entspricht in diesem Falle der Fig. d der Abb. 29. Der Überschuß-Blindverbrauchzähler schaltet bei Änderung der Drehrichtung auf ein anderes Zählwerk um, so daß eine getrennte Registrierung des Blindverbrauches bei Vor- und Rückwärtslauf des Zählers möglich ist. Die Summe der beiden Zählwerkangaben ($0600 + 0189 = 0789$) ergibt jedoch, wie wir früher schon festgestellt haben, nicht den wirklichen gesamten Blindverbrauch (1635), was aus dem Blindlastdiagramm anschaulich hervorgeht. Der Überschuß-Blindverbrauchzähler liefert auch mit Doppelzählwerk nicht die Angaben des reinen Blindverbrauchzählers.

Die Aufstellung eines Diagrammes für den Schmittschen Zähler erübrigt sich, da er nur einen Sonderfall des Überschuß-Blindverbrauchzählers darstellt. Dagegen ist die Betrachtung der Blindverbrauchmessung mittels eines Aggregates, bestehend aus einem reinen Blindverbrauchzähler und einem Leistungsfaktorrelais, in Gegenüberstellung mit einem Überschuß-Blindverbrauchzähler, wie dies in Abb. 30 durchgeführt ist, von Interesse.

In dem Falle des Überschuß-Blindverbrauchzählers, der mit einer Rücklaufhemmung versehen sei, wird nur der den Leistungsfaktor 0,7 überschreitende Blindverbrauch registriert. Im Gegensatz dazu zählt der von einem cos φ-Relais gesteuerte reine Blindverbrauchzähler bei Unterschreitung des festgesetzten Wertes des Leistungsfaktors den gesamten Blindverbrauch. Praktisch wird diese Messung in der Weise durchgeführt, daß man einen auf 0,7 abgeglichenen Blindverbrauchzähler mit einem doppelpoligen Schalter versieht, der dann bei cos $\varphi = 0,7$ die Spannungsspulen eines reinen Blindverbrauchzählers einschaltet.

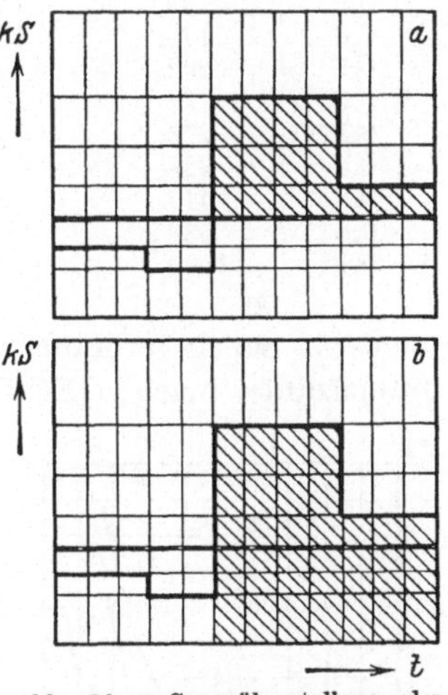

Abb. 30. Gegenüberstellung der Meßwirkung eines Überschuß-Blindverbrauchzählers und eines von einem cos φ-Relais gesteuerten reinen Blindverbrauchzählers.

Der Wesensunterschied der beiden Apparate, die beide nach Voraussetzung auf den Leistungsfaktor 0,7 abgeglichen sind, bildet sich im Flächendiagramm sehr übersichtlich ab. Die Gegenüberstellung dieser beiden Messungen erscheint notwendig, da man in der Praxis in Stromlieferungsverträgen häufig die Formel findet: „... bei Unterschreitung des Leistungsfaktors ... wird der Blindverbrauch mit ... % des Wirkstrompreises berechnet...“, was strenggenommen die Verwendung eines Leistungsfaktorrelais bedingt, während vom Verfasser des Stromlieferungsvertrages häufig eine andere Meßanordnung gemeint ist.

Zur Veranschaulichung der Meßergebnisse bei Verwendung eines Scheinverbrauchzählers[12]), eines Arno- und eines Sicosummenzählers verwenden wir, wie schon erwähnt, die Abhängigkeit

$$A_x = F(\varphi),$$

[12]) Bei allen Ausführungen ist stets der Scheinverbrauchzähler allein, also als Hauptzähler gemeint, während die Kombination eines Scheinverbrauchzählers mit einem Wirkverbrauchzähler an anderer Stelle besprochen wird.

wobei wir A in Prozenten der Wirkleistung ausdrücken. Die Auswertung der nachstehenden Zahlentabelle ergibt die Kurven der Abb. 31. Die Wirklast ist in allen Fällen als konstant angenommen.

$\cos\varphi$	Wirk-Blindlast 1	Scheinlast 2	Arno 3	Sicosumme 4	Blindlast 5
1	100	100	100	100	0
0,9	148	111	103	109	48
0,8	175	125	108	115	75
0,7	202	143	114	120	102
0,6	234	167	121	127	134
0,5	273	200	133	135	173
0,4	328	250	150	146	228
0,3	417	333	177	163	317
0,2	580	500	233	196	480
0,1	1090	1000	399	250	990

Beim Scheinverbrauchzähler können wir nur den Scheinverbrauchzähler nach GEC-Patent unserer Betrachtung zugrunde legen, da der einfache Zähler für den angenommenen Belastungsfall schon zu erhebliche Abweichungen zeigen würde.

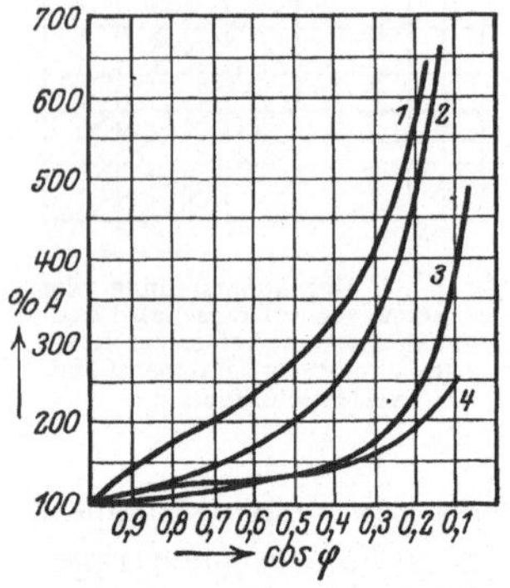

Abb. 31. $A_x = F(\varphi)$ für den Wirk-Blindverbrauch (1) — Scheinverbrauch (2) — Arno (3) — und Sicosummenzähler (4).

Bei der Betrachtung der Kurven der Abb. 31 fällt sofort die ziemliche Übereinstimmung zwischen den Werten des Arno- und des Sicosummenzählers auf, auf die wir schon bei der Besprechung des Arno-Zählers hingewiesen haben. Die Kurve des Wirk-Blindverbrauchzählers stellt nur eine Überhöhung der Kurve des Sicosummenzählers dar. Die Werte des reinen Blindverbrauchzählers entsprechen denen des Wirk-Blindverbrauchzählers, wenn man die Ordinate entsprechend reduziert. Sie sind daher nicht mehr besonders in die Abbildung eingetragen.

Zum Vergleich der Liniendiagramme des reinen Blindverbrauchzählers, des Überschuß-Blindverbrauchzählers und des Rabatt- und Zuschlagzählers müssen wir noch eine Annahme über die „Wertigkeit“ des Blindstromes im Verhältnis zum Wirkstrom machen. Wir legen dieses Wertigkeitsverhältnis ebenso wie beim Sicosummenzähler mit 1 : 5 fest. Ferner nehmen wir den Überschuß-Blindverbrauchzähler und den Rabatt- und Zuschlagzähler ebenfalls als auf $\cos\varphi = 0{,}7$ abgeglichen an.

Mit diesen Annahmen erhalten wir für den Überschuß-Blindverbrauchzähler

$$\operatorname{tg}\varphi = 1{,}017 \quad \text{entsprechend} \quad \cos\varphi = 0{,}7$$

und für die Konstante C des Rabatt- und Zuschlagzählers den Wert

$$C = 0{,}83$$

unter Berücksichtigung unserer früheren Ausführungen S. 33. Drücken wir nun die Abweichungen der Anzeigen der beiden Zähler in Prozenten der Angaben eines Wirkverbrauchzählers aus, so ergeben sich in Abhängigkeit vom Leistungsfaktor die in der nachstehenden Zahlentabelle angegebenen Werte. Die diesen Werten entsprechenden Kurven sind in Abb. 32 aufgetragen.

$\cos\varphi$	Überschuß-BV-Zähler %	Rabatt- und Zuschlagzähler %
1	— 20,3	— 17,0
0,9	— 10,6	— 9,0
0,8	— 5,3	— 4,7
0,7	0	0
0,6	+ 6,2	+ 4,8
0,5	+ 14,3	+ 11,6
0,4	+ 25,3	+ 20,9
0,3	+ 43	+ 35,4
0,2	+ 77	+ 66

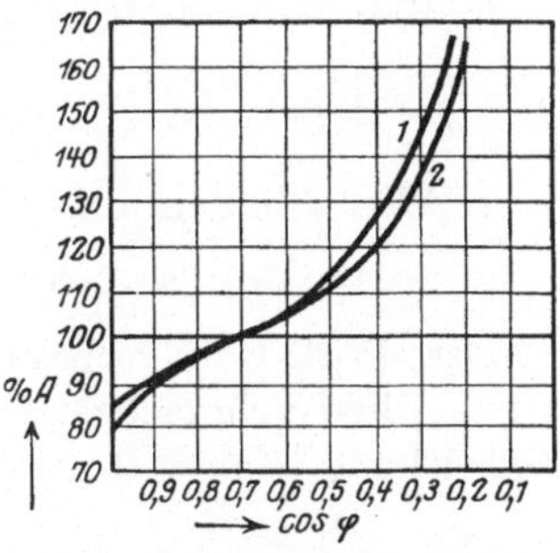

Abb. 32. $A_x = F(\varphi)$ für den Überschuß-Blindverbrauch (1) — und den Rabatt- und Zuschlagzähler (2).

Zum Gesamtvergleich der in den Abb. 31 und 32 wiedergegebenen Kurven müssen wir diese auf einen gemeinsamen Ausgangspunkt beziehen. Wir stellen dazu die Arbeitsgleichungen der gesamten besprochenen Apparate auf und untersuchen an Hand dieser Gleichungen, ob und welche Zähler in ihrer Meßwirkung einander gleichgesetzt werden können und ob sich ihre charakteristischen Kurven auf die des reinen Blindverbrauchzählers zurückführen lassen. Nur die dann verbleibenden Zählertypen werden wir bei unseren weiteren Besprechungen berücksichtigen.

Arbeitsgleichungen.

1. Scheinverbrauchzähler:

$$A_1 = c_1 \cdot E \cdot J \cdot t. \tag{71}$$

2. Wirkverbrauchzähler und reiner Blindverbrauchzähler:

$$A_2 = (c_2 \cdot E \cdot J \cdot \cos\varphi + c_3 \cdot E \cdot J \cdot \sin\varphi) \cdot t. \tag{72}$$

3. Sicosummenzähler:

$$A_3 = c_4 \cdot \left(E \cdot J \cdot \cos\varphi + \frac{1}{5} \cdot E \cdot J \cdot \sin\varphi\right) \cdot t. \tag{73}$$

4. Arno-Zähler:

$$A_4 = c_5 \cdot \left(\frac{2}{3} \cdot E \cdot J \cdot \cos\varphi + \frac{1}{3} \cdot E \cdot J\right) \cdot t. \tag{74}$$

5. Wirkverbrauchzähler und Überschuß-Blindverbrauchzähler:

$$A_5 = c_6 \cdot E \cdot J \cdot \cos\varphi + c_7 \cdot E \cdot J \cdot (\sin\varphi - \operatorname{tg}\alpha \cdot \cos\varphi) \cdot t. \tag{75}$$

6. Rabatt- und Zuschlagzähler:

$$A_6 = c_8 \cdot \left(E \cdot J \cdot \cos\varphi + \frac{1}{n} \cdot E \cdot J \cdot \sin\varphi\right) \cdot t. \tag{76}$$

7. Wirk-Blindverbrauchzähler:

$$A_7 = c_9 \cdot (E \cdot J \cdot \cos\varphi + E \cdot J \cdot \sin\varphi) \cdot t. \tag{77}$$

Der Wirk-Blindverbrauchzähler in Verbindung mit einem reinen Blindverbrauchzähler ist dem Sicosummenzähler in seiner Meßwirkung ohne weiteres gleich, wenn wir für die Konstante

$$c_3 = \frac{1}{5} \qquad \text{und} \qquad c_2 = c_4 = 1$$

setzen. Die Messung mittels des Sicosummenzählers kann also auf die mit dem reinen Blindverbrauchzähler zurückgeführt werden, oder auf die beiden Kurven übertragen heißt dies, daß eine einfache Änderung des Ordinatenmaßstabes genügt, um die beiden Kurven zur Deckung zu bringen.

Zur Überführung der Anzeigen des Überschuß-Blindverbrauchzählers auf die des reinen Blindverbrauchzählers setzen wir die Arbeitsgleichungen der beiden Apparate unter Verwendung der obigen Konstanten einander gleich:

$$A_2 = c_2 \cdot E \cdot J \cdot \cos\varphi \cdot t + c_3 \cdot E \cdot J \cdot \sin\varphi \cdot t, \tag{78}$$

$$A_5 = c_6 \cdot E \cdot J \cdot \cos\varphi \cdot t + c_7 \cdot E \cdot J \cdot (\sin\varphi - \operatorname{tg}\alpha \cdot \cos\varphi) \cdot t. \tag{79}$$

Die beiden Gleichungen enthalten nur zwei Unbekannte, da wir für $c_2 = 1$ annehmen und für $c_3 = \frac{1}{5}$ beibehalten wollen. Die Größe der Konstanten c_6 und c_7 ergibt sich aus der Betrachtung der Grenzfälle des Leistungsfaktors:

$$\text{für } \varphi = 0^0 \quad \text{wird} \quad c_2 = c_6 - c_7 \cdot \operatorname{tg} \alpha\,, \tag{80}$$

$$\text{für } \varphi = 90^0 \quad \text{wird} \quad c_3 = c_7\,. \tag{81}$$

Aus den Gleichungen (80) und (81) geht hervor, daß man für den einmal festgesetzten Wert des Winkels α, also für eine bestimmte Abgleichung, die Konstanten c_6 und c_7 für bestimmte Werte von c_2 und c_3 ermitteln kann. Die Anzeigen der beiden Zähler, des reinen Blindverbrauchzählers und des Überschuß-Blindverbrauchzählers lassen sich also einander gleichsetzen, wenn man bei gleichem Preise der Kilosinstunde die Preise der Kilowattstunde im Verhältnis $c_2 : c_6$ festsetzt, d. h. die Ordinaten der Kurve des Überschuß-Blindverbrauchzählers sind gegenüber denen des reinen Blindverbrauchzählers in einem bestimmten Verhältnis reduziert, was sich eben nur durch eine Änderung des Ordinatenmaßstabes (Preis der kWh!) erreichen läßt. Durch einen einfachen Rechnungsgang kann man also die meßtechnisch und eichtechnisch immerhin umständlichere Messung mittels des Überschuß-Blindverbrauchzählers auf die reine Blindverbrauchmessung zurückführen.

Wir stellen nun auch noch die Arbeitsgleichungen des Überschuß-Blindverbrauchzählers und des Rabatt- und Zuschlagzählers einander gegenüber, um auch hier die Möglichkeit der Überführung der Meßresultate der beiden Apparate ineinander zu prüfen.

$$A_5 = c_6 \cdot E \cdot J \cdot \cos\varphi \cdot t + c_7 \cdot E \cdot J \cdot (\sin\varphi - \operatorname{tg}\alpha \cdot \cos\varphi) \cdot t, \tag{82}$$

$$A_6 = c_8 \cdot \left(E \cdot J \cdot \cos\varphi + \frac{1}{n} \cdot E \cdot J \cdot \sin\varphi\right) \cdot t\,. \tag{83}$$

Zur Ermittelung der Konstanten der obigen Gleichungen untersuchen wir wieder die Grenzfälle des Leistungsfaktors

$$\text{für } \varphi = 0^0 \quad \text{wird} \quad c_6 = c_8 + c_7 \cdot \operatorname{tg}\alpha = c_8 \cdot \left(1 + \frac{1}{n} \cdot \operatorname{tg}\alpha\right), \tag{84}$$

$$\text{für } \varphi = 90^0 \quad \text{wird} \quad c_7 = c_8 \cdot \frac{1}{n}\,. \tag{85}$$

Unter Berücksichtigung der Abhängigkeit $c_8 = F(n)$ ergibt sich

$$c_7 = \frac{c_6}{n + \operatorname{tg}\alpha}\,. \tag{86}$$

Setzt man wieder $c_6 = 1$; außerdem $\operatorname{tg} \alpha = 1$ und $n = 5$, so ergibt sich aus der Gleichung (86) $c_8 = 0{,}835$. Für den Wert von $\operatorname{tg} \alpha = 1$ kann man somit die Meßresultate der beiden Zähler ineinander überführen, wenn man bei gleichem Wirkstrompreis den Blindstrompreis bei der Überschuß-Blindverbrauchverrechnung im Verhältnis

$$c_7 = \frac{1}{n + \operatorname{tg} \alpha} \tag{87}$$

festlegt; d. h. in diesem Falle also mit 16,5% des Wirkstrompreises. Für andere Werte von $\operatorname{tg} \alpha$ ergeben sich auch verschiedene Wirkstrompreise.

Wir haben gesehen, daß wir die Zahl der unserer Betrachtung zugrunde zu legenden Meßgeräte wesentlich verkleinern können, da wir sowohl die Messung mit dem Sicosummenzähler und dem Überschuß-Blindverbrauchzähler, wie auch die Messung mit dem Rabatt- und Zuschlagzähler auf die reine Blindverbrauchmessung zurückführen können. Vorausgesetzt ist dabei allerdings, daß die Preisfestsetzung beim Überschuß-Blindverbrauchzähler beim Übergang von einer Drehrichtung auf die andere gleichbleibt. Den Fall, daß dieser Übergang sprunghaft wird, also die Benützung zweier verschiedener Preise, wollen wir an anderer Stelle besprechen.

Da der Arno-Zähler außer in Italien nirgends Verwendung gefunden hat, lassen wir ihn bei unseren weiteren Ausführungen unberücksichtigt, sofern er nicht technisch oder tariftechnisch Interessantes bietet, oder uns zum Vergleiche dienen kann.

Unter der bereits begründeten Vernachlässigung des Wirk-Blindverbrauchzählers verbleiben demnach für unsere weiteren Betrachtungen nur der reine Blindverbrauchzähler und der Scheinverbrauchzähler.

b) Abnehmer mit (+)-Wirkstrom und (±)-Blindstrom.

Abnehmer dieser Art sind z. B. Synchronmotore, die durch Übererregen Magnetisierungsstrom an das Netz zurückliefern. Solche Abnehmer findet man in der Praxis zwar noch nicht sehr häufig, sie sind aber für die stromerzeugenden Werke erwünscht, da sie die Verluste verringern und durch geeignete Maßnahmen, wenigstens zeitweise, in der Lage sind, das stromliefernde Werk bezüglich der Blindlast zu entlasten. Trotz dieser Vorteile zeigen verschiedentlich die Werke kein sonderliches Interesse, diesen Abnehmern den an das Werk zurückgelieferten Magnetisierungsstrom zu vergüten, ja sie gestatten zuweilen nicht einmal dessen getrennte Registrierung, was m. E. eine zu starke Betonung des kaufmännischen Standpunktes ist. Durch den Ausbau entsprechend einfacher und doch anreizbietender Tarife läßt sich gerade hier noch manches erreichen. Zur Beurteilung der Verhältnisse, wie sie bei Abnehmern mit (+)- und (—)-Blindstrom vorliegen, diene uns das Diagramm der Abb. 33, das die Meßwirkung eines reinen Blindverbrauchzählers mit Einfach- und mit Doppelzählwerk zeigt.

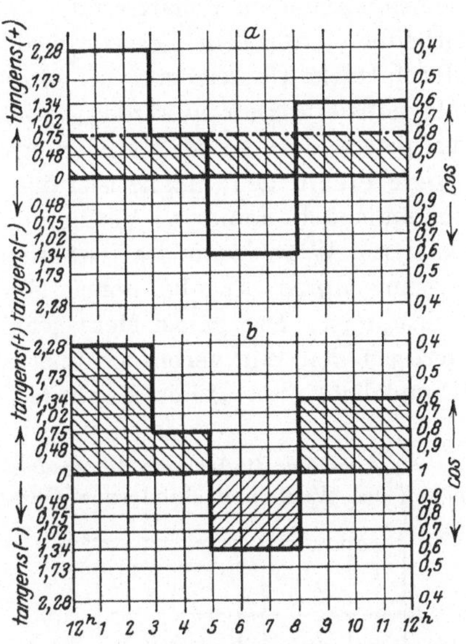

Abb. 33. Gegenüberstellung der Meßresultate eines reinen Blindverbrauchzählers mit einfachem und mit Doppelzählwerk.

Nach dem Blindlastdiagramm der Abb. 33 entnimmt der Abnehmer die als konstant vorausgesetzte Leistung der ersten 3 Stunden mit einem Leistungsfaktor von 0,4; während der nächsten 2 Stunden mit $\cos\varphi = 0{,}8$. In beiden Fällen bezieht er Magnetisierungsstrom vom Werk, arbeitet also unter Magnetisierungsstrom-Aufnahme. Von der 5. bis zur 9. Stunde liefert der Abnehmer Magnetisierungsstrom an das Netz zurück, er arbeitet also unter Magnetisierungsstrom-Abgabe. In dem Blindlastdiagramm kommt dies dadurch zum Ausdruck, daß diese Werte der Blindlast von der $\cos\varphi = 1$-Geraden nach unten aufgetragen sind. Zur Kennzeichnung dieser negativen Blindlast dient uns die Tangente, die beim Durchgang durch $\cos\varphi = 1$ ihr Vorzeichen ändert, während der cos für alle Werte von 0^0 bis 180^0 das gleiche Vorzeichen hat, so daß er zur Charakterisierung der Blindstromrichtung nicht dienen kann. Von der 5. bis zur 9. Stunde wird also der Blindverbrauchzähler rückwärts laufen. Die restlichen 4 Stunden des betrachteten Zeitabschnittes arbeitet der Abnehmer wieder unter Magnetisierungsstrom-Aufnahme bei einem Leistungsfaktor von 0,6.

Die Registrierung der Blindlast eines Abnehmers der eben erläuterten Art kann mit einem Blindverbrauchzähler mit 1 Zählwerk ohne Rücklaufhemmung durchgeführt werden (Abb. 33a). Wir erhalten dann einen Mittelwert aus dem (+)- und dem (—)-Blindverbrauch. Nach dem Liniendiagramm hat es den Anschein, als ob der Abnehmer in der angegebenen Arbeitsperiode mit einem mittleren[13]) $\cos\varphi$ von 0,8 gearbeitet habe. Tatsächlich kann aber gerade ein derartiger Abnehmer für ein Werk außerordentlich ungünstig sein. Stellen wir uns vor, daß der Abnehmer zu Zeiten seines maximalen Bedarfes mit einem schlechten Leistungsfaktor arbeitet. Läßt sein Leistungsbedarf nach, so ist er imstande, durch starke Übererregung seiner nur gering belasteten Maschinen Magnetisierungsstrom an das Netz abzugeben und so seinen seitherigen Bedarf an Magnetisierungsstrom zu kompensieren. Das Werk erhält den Magnetisierungsstrom mit ziemlicher Wahrscheinlichkeit dann zur Verfügung gestellt, wenn es keinen besonderen Wert darauf legt, während es zur Zeit der starken Belastung durch Abgabe hoher Magnetisierungsströme erheblich belastet ist. Das ganze Meßverfahren stellt einen Vorgang dar, der, auf den Wirkverbrauch übertragen, zu den tariftechnischen Unmöglichkeiten gehören würde. Bei Blindverbrauchmessung

[13]) Allgemein findet man die Ansicht verbreitet, daß sich aus den Angaben des Wirk- und Blindverbrauchzählers durch Bilden der Tangente der „mittlere" Leistungsfaktor finden lasse. Daß dies nicht zutreffend ist, zeigt das Blindlastdiagramm der Abb. 34. Auch bei diesem Diagramm ist eine konstante Wirklast vorausgesetzt. Der Zähler, der den Integral-Mittelwert liefert, ergibt einen mittleren Leistungsfaktor von 0,55, während nach dem vorliegenden Belastungsfall der tatsächliche mittlere Leistungsfaktor 0,6 ist. Die Unstimmigkeit wird noch größer, wenn man niedere Werte des Leistungsfaktors zum Vergleiche heranzieht. Wird noch Magnetisierungsstrom-Rücklieferung in den Kreis der Betrachtung gezogen, so verliert der „mittlere" Leistungsfaktor überhaupt seine begriffliche Bedeutung. Nur für den Bereich der Tangens-Funktion, in dem die Tangens-Kurve näherungsweise als Gerade betrachtet werden kann — der Wendepunkt —, wird der aus den Zählerangaben ermittelte mittlere Leistungsfaktor mit dem wirklichen übereinstimmen.

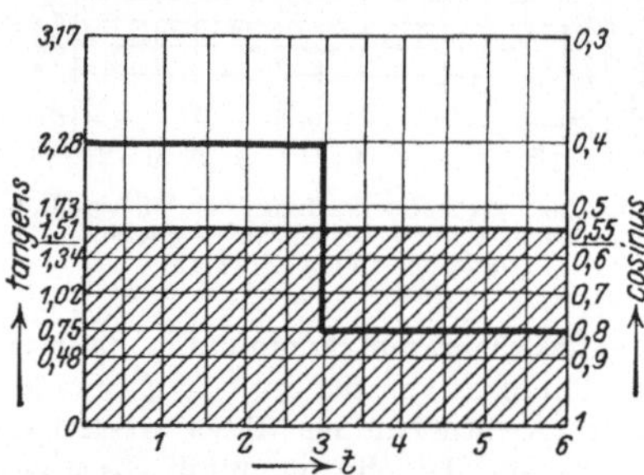

Abb. 34. Der „mittlere" Leistungsfaktor.

wird dieses Meßverfahren in der Praxis jedoch häufig angetroffen.

Durch Verwendung eines Doppelzählwerkes bzw. eines Zählwerkes für Vor- und Rückwärtslauf (Abb. 33b) ist die Möglichkeit gegeben, in einwandfreier und gerechter Weise den abgegebenen bzw. aufgenommenen Magnetisierungsstrom nach seiner wirklichen Größe getrennt zu messen und entsprechend zu verrechnen.

2. Die Messung des phasenverschobenen Stromes beim Parallelbetrieb.

Wir haben noch den Fall gegenseitiger Belieferung, d. h. das Zusammenarbeiten zweier Werke zu besprechen, wozu einige allgemeine Ausführungen nötig sind.

Ein Werk A liefert Wirkstrom an einen Abnehmer B, der zu manchen Zeiten dem Werk wieder Wirkstrom zur Verfügung stellt. Die Verrechnung zwischen A und B muß also nach Bezug und Lieferung getrennt erfolgen. Einer Differenzzählung zwischen der gelieferten und bezogenen Energie in der Weise, daß in dem einen Falle der Zähler vorwärts, in dem anderen Falle rückwärts läuft, werden die Werke nicht zustimmen, da sie sonst Gefahr laufen, daß ihre Belastung sehr stark schwankt. Der Abnehmer könnte Arbeit zur werkungünstigsten Zeit, etwa zur Zeit der Spitzenbelastung, entnehmen, um sie dann zu einer ihm genehmen Zeit, etwa zur Nacht, dem Werke wieder zur Verfügung zu stellen. Eine getrennte Verrechnung von gelieferter und bezogener Energie ist also unbedingt nötig.

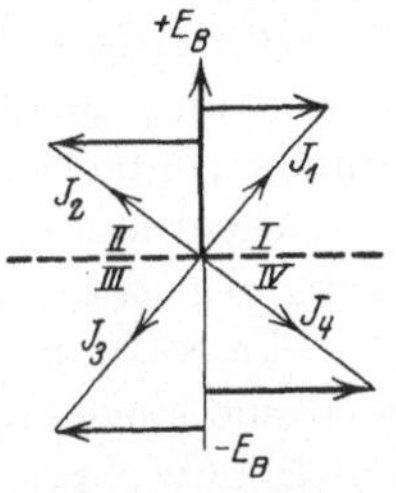

Abb. 35. Richtung der Blindströme bei Wirkstromlieferung und -bezug.

Über die Richtung der Wirk- und Blindströme ist noch einiges auszuführen, wozu das Diagramm der Abb. 35 dienen soll. Wir legen den Spannungsvektor E des Abnehmers B in der gezeichneten Lage, also nach oben hin, fest. Nehmen wir nun einen beliebig gelagerten Stromvektor J an, so erkennt man aus dem Diagramm sofort, ob in dem gezeichneten Betriebszustande Lieferung von A nach B oder von B nach A erfolgt. Für eine von B aufgenommene, also für B positive Leistung muß nämlich die Projektion des Stromvektors auf den Spannungsvektor E_B selbst fallen, d. h.

der Wirkstrom muß dieselbe Richtung haben wie die Spannung. Dies ist der Fall für die Quadranten *I* und *II*. Für die Belastungsströme J_1 und J_2 bezieht also B vom Werk A. Liefert dagegen B an A, so zeigt sich dies im Diagramm dadurch, daß die Projektion des Stromvektors nicht auf den Spannungsvektor E_B selbst, sondern auf dessen rückwärtige Verlängerung $-E_B$ fällt. Dies besagt, daß der Wirkstrom im Falle der Lieferung von B nach A die entgegengesetzte Richtung hat wie die Spannung E_B. Auf das Werk B bezogen, handelt es sich also in diesem Falle um eine negativ aufgenommene, oder was das gleiche besagt, um eine positiv abgegebene Energie. Der Wirkstrom hat also oberhalb der Horizontalen ein (+)-, unterhalb der Horizontalen ein (—)-Vorzeichen. Den Belastungsströmen J_3 und J_4 entsprechen daher negative Wirkströme.

Zeichnen wir nun für die gesamten Ströme J_1, J_2, J_3 und J_4 die dazugehörigen Blindströme, so erkennen wir, daß zu J_2 und J_3 einerseits und zu J_1 und J_4 andererseits gleichgerichtete Blindströme gehören. Zur einwandfreien Messung der gesamten gelieferten und bezogenen Arbeit sind also außer den normalerweise schon vorhandenen zwei Wirkverbrauchzählern noch vier Blindverbrauchzähler nötig, die durch ein Wirkstrom-Richtungsrelais gesteuert werden müssen, da ja ohne ein derartiges Relais die Blindverbrauchzähler der Quadranten *II* (nacheilend bezogen) und Quadrant *III* (voreilend geliefert) einerseits und die Blindverbrauchzähler für die Quadranten *I* (voreilend bezogen) und Quadrant *IV* (nacheilend geliefert) andererseits jeweils gleichzeitig registrieren würden. Durch das wattmetrische Relais werden die Spannungsspulen der Blindverbrauchzähler wechselweise aus- und eingeschaltet, so daß für jeden Belastungsfall immer nur ein Blindverbrauchzähler registrieren kann. Rücklauf der Zähler ist durch Einbau von Rücklaufhemmungen vermieden.

Auf die Ausbildung eines derartigen Meßaggregates, wie es in Abb. 36 wiedergegeben ist, kam man durch die anfangs verwendeten Blindverbrauchtarife, die fast allgemein einen „mittleren" Leistungsfaktor der Verrechnung des Blindverbrauches zugrunde legten und die damit die physikalisch durch nichts zu erhärtende Unterscheidung des Blindstromes nach der Richtung des Wirkstromes veranlaßten.

Eine wesentliche Vereinfachung dieses Meßaggregates von

nicht weniger wie sieben Apparaten stellt der von Krukowski angegebene Meßsatz der Abb. 37 dar, der mit nur vier Zählern das gleiche Meßergebnis erzielt, wie die oben besprochene Anordnung. Die Vereinfachung in diesem Meßsatz ist dadurch erreicht, daß man statt der vier Blindverbrauchzähler mit Einfachzählwerk deren zwei mit Doppelzählwerk verwendet. Es erübrigt sich dadurch, das wechselweise Aus- und Einschalten der Spannungsspulen der Blindverbrauchzähler, die bei diesem vereinfachten Aggregat der tatsächlichen Richtung des Blindstromes entsprechend umlaufen und die Aufspaltung des Blindstromes nach der Wirkstromrichtung nunmehr durch Umschaltung der Doppelzählwerke durchführen, eine Funktion, die eine in einem

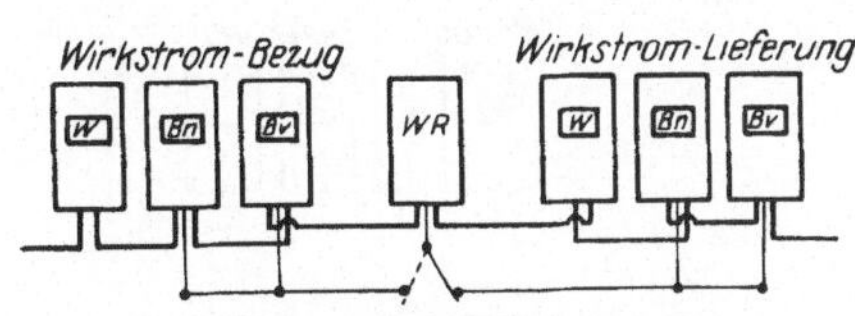

Abb. 36. Meßanordnung für Stromlieferung und -bezug bei Messung des Blindverbrauches.

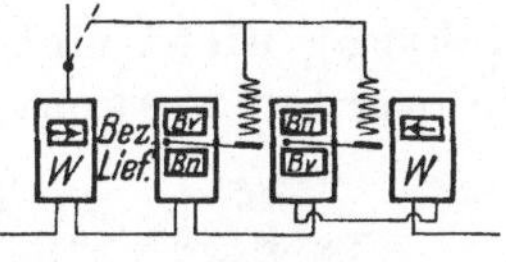

Abb. 37. Vereinfachtes Meßaggregat für Wirk- und Blindstrommessung.

der beiden Wirkverbrauchzähler eingebaute zum Kontaktrelais ausgebildete Rücklaufhemmung ohne weiteres durchführen kann. Das wattmetrische Umschalterelais wird dadurch überflüssig.

Die Verwendung von Doppelzählwerken schließt die Anwendung dieses Meßsatzes überall da aus, wo Zeitdoppeltarif für den Blindverbrauch vorgesehen ist. Das vereinfachte Aggregat ist bei hochspannungsseitiger Messung insofern vorteilhafter, als es den Anschluß an einen Wandlersatz erlaubt, was bei dem Aggregat der Abb. 36 nicht immer der Fall ist.

Eine wirklich klare und physikalisch richtige Meßanordnung zur Erfassung der beim Parallelarbeiten von Werken ausgetauschten Energien durchzubilden, war jedoch erst möglich, als man mit dem Gedanken brach, bei der Verrechnung des phasenverschobenen Stromes den Leistungsfaktor zu berücksichtigen.

Wie wir in der Einleitung gesehen und begründet haben, gibt es nur einen Blindstrom, der jedoch, wie der Wirkstrom, seine Richtung ändern kann. Der (+)-Blindstrom ist der vom Konsumenten bezogene Magnetisierungsstrom, der (—)-Blindstrom ist der vom Konsumenten gelieferte Magnetisierungsstrom. Beide,

(+)-Wirkstrom wie (+)-Blindstrom hat der Abnehmer zu bezahlen; beide, (—)-Wirkstrom wie (—)-Blindstrom sind dem Abnehmer zu vergüten. Der Vorzeichenwechsel erfolgt beim Wirkstrom beim Durchgang durch den Koordinaten-Nullpunkt in der Ordinatenrichtung, beim Blindstrom in der Abszissenrichtung unter der bekannten Annahme der Lage des Spannungsvektors. (Abb. 38.) In der Abb. 35 gehören also zu J_2 und J_3 (+)-Blindströme, zu J_1 und J_4 (—)-Blindströme.

Die gegenseitige Belieferung hat also, sobald Blindverbrauchmessung in Frage kommt, zwischen (+)- und (—)-Blindströmen zu unterscheiden, wobei jedoch eine Unterscheidung des Blindstromes zwischen Bezug und Lieferung in der Wirkstromrichtung nicht mehr gemacht zu werden braucht.

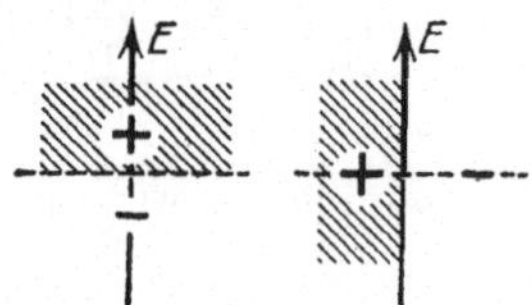

Abb. 38. Richtung der Wirk- und Blindströme.

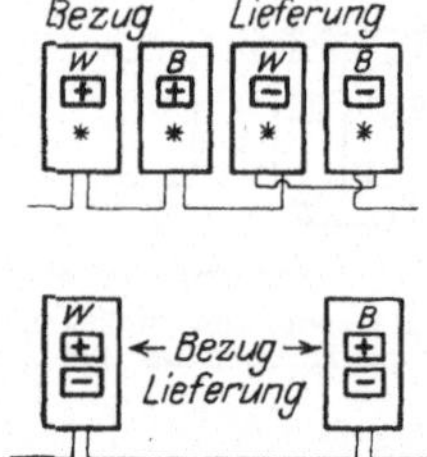

Abb. 39. Normales und vereinfachtes Aggregat bei Verrechnung nach reinem Blindverbrauch und Parallelbetrieb.

Die Verrechnung der gesamten gegenseitig gelieferten Energie kann in diesem Falle mit nur vier Zählern mit Einfachzählwerk durchgeführt werden, die sämtlich mit Rücklaufhemmung versehen sein müssen. Läßt man Zählwerke für Vor- und Rückwärtslauf zu, so verringert sich die Zahl der benötigten Zähler auf zwei. Die Abb. 39 zeigt das normale und das vereinfachte Aggregat bei gegenseitiger Belieferung. Durch jedes der beiden Aggregate ist die gesamte gegenseitig gelieferte Arbeit eindeutig festgelegt. Selbstverständlich ist dann die physikalisch durch nichts gerechtfertigte Unterscheidung zwischen (+)-Blindstrom bei (+)-Wirkstrom und (+)-Blindstrom bei (—)-Wirkstrom nicht mehr möglich. Auch eine Festlegung eines „mittleren" Leistungsfaktors läßt dieses Aggregat nicht zu, weshalb beim Übergang auf diese Meßanordnung eine Neugestaltung des Blindverbrauchtarifes nötig wird. Es ist zweifellos nur eine Frage der Zeit, bis sich diese physikalisch und meßtechnisch einwandfreie und praktisch einfachste und störungsfreieste Meßanordnung durchsetzen wird, die eben infolge ihrer Einfachheit eine vorzügliche Anpassung an die Verhältnisse jedes einzelnen Werkes gestattet.

Selbstredend kommen für besonders gelagerte Fälle auch noch Spezialmessungen[14]) in Betracht. Für die weitaus überwiegende Anzahl der Fälle dürften jedoch die angegebenen Aggregate nicht nur genügend, sondern die allein zweckmäßigen sein.

---

[14]) Tritt beim Parallelbetrieb die Forderung auf, als Ausgang für die Verrechnung des Blindverbrauches nicht den Leistungsfaktor 1, sondern einen niedrigeren Wert zu nehmen, da beide Werke auf der Basis dieses Leistungsfaktors kalkulieren wollen, und sich bei Über- oder Unterschreitung dieses gewählten Leistungsfaktors verschiedene Preise der Kilosin-Stunde einräumen, so ergibt die Verwendung des Überschuß-Blindverbrauchzählers die Verhältnisse der Abb. 40. Der Überschuß-Blindverbrauchzähler steht bei $\varphi = \alpha$, d. h. bei einer Phasenverschiebung, die dem Abgleichwinkel entspricht. Bezieht *B* von *A* Wirk- und Blindstrom, so liegt der Stromvektor im Quadrant *I*. *B* bezahlt jedoch außer dem Wirkverbrauch nur dann Blindstrom, wenn $\varphi > \alpha$ war. Ist umgekehrt $\varphi < \alpha$, so erhält *B* Vergütung. Bezieht *B* von *A* Wirkstrom, liefert jedoch Blindstrom zurück, so liegt der Stromvektor im Quadrant *II*, *B* erhält Vergütung.

Bei Energierücklieferung, also Wirkstromlieferung von *B* nach *A*, vertauschen *B* und *A* einfach ihre Rollen, die Stromvektoren liegen dann je nach Art und Größe der äußeren Verschiebung im Quadrant *III* oder Quadrant *IV*.

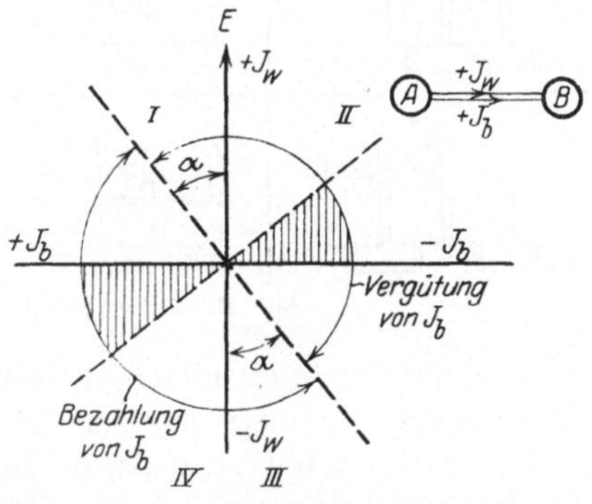

Abb. 40. Der Überschuß-Blindverbrauchzähler beim Parallelbetrieb.

Der Überschuß-Blindverbrauchzähler wird sowohl bei induktivem Bezug unterhalb des festgesetzten Leistungsfaktors als auch bei induktiver Lieferung unterhalb des festgesetzten Leistungsfaktors die gleiche Drehrichtung haben. Bei Überschreitung des festgesetzten Leistungsfaktors wechselt der Überschuß-Blindverbrauchzähler seine Drehrichtung und registriert auf dem 2. Zählwerk.

Es muß beachtet werden, daß die Angaben des Zählers nur innerhalb eines bestimmten Bereiches gelten. Wird nämlich in dem Klammerausdruck $(\alpha - \varphi)$ der Wert für $\varphi\,(-)$ so groß, daß $(\alpha + \varphi) > 90^0$ wird, so verringert der Zähler wieder seine Drehzahl. Der Abnehmer erhält dann weniger Vergütung, obwohl er mehr Magnetisierungsstrom rückliefert. Dieser Fall tritt ein, wenn der Stromvektor in die schraffierten Winkelräume zu liegen kommt. Hier ergibt sich dann eine unrichtige Registrierung.

Die Zusammenstellung der Blindverbrauchmeßaggregate (Abb. 41) gibt einen Überblick über die Anwendung der reinen Blindverbrauchmessung in allen Betriebs- bzw. Belastungsfällen. Die dargestellten Meßsätze liefern eine physikalisch eindeutige Messung, ermöglichen einfachste Verrechnung mit einfachen Apparaten. In der Zusammenstellung sind die Wirkverbrauchzähler gestrichelt und die Blindverbrauchzähler ausgezogen gezeichnet. Die normalen Aggregate bestehen aus Zählern mit einem Zählwerk, für die vereinfachten Aggregate kommen Zählwerke für Vor- und Rückwärtslauf zur Verwendung. Die mit * bezeichneten Zähler sind mit Rücklaufhemmung versehen.

Normales Aggregat	Vereinfachtes Aggregat	
		**Für reine Abnehmer:** Dieses Meßaggregat findet Verwendung bei Abnehmern, die nur nacheilenden Strom beziehen, bei denen also nur (+)-Blindstrom in Betracht kommt.
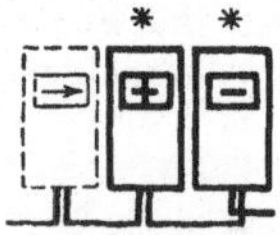 * *		**Für reine Abnehmer:** Dieses Meßaggregat findet Anwendung bei Abnehmern, die nacheilenden und voreilenden Strom beziehen, bei denen also sowohl (+)- als auch (—)-Blindstrom in Betracht kommt.
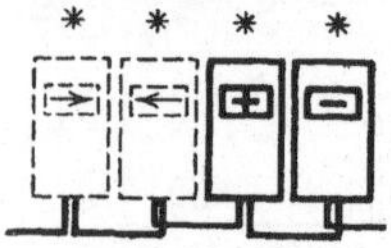 * * * *		**Für gegenseitige Belieferung:** Dieses Aggregat dient zur vollkommenen und einwandfreien Messung der gegenseitig gelieferten Energie.

Abb. 41. Blindverbrauch-Meßaggregate.

Ganz allgemein sei hier noch bemerkt, daß es sich empfiehlt, bei großen Energiebeträgen zur Erzielung größtmöglichster Genauigkeit von den vereinfachten Aggregaten mit Rücksicht auf die Reibungskompensation der Zähler keine Verwendung zu machen. Es sind zwar auch Zähler durchgebildet worden, die für beide Drehrichtungen kompensiert sind, doch bringt die durch die doppelte Kompensierung bedingte Umschaltung eher eine neue Unsicherheit in den Meßsatz.

3. kVA oder kS vom meßtechnischen Standpunkt aus.

Wie wir aus den Schlußforderungen des Abschnittes über die zur Messung des phasenverschobenen Stromes zur Verfügung stehenden Instrumente gesehen haben, läuft die Messung und Verrechnung des phasenverschobenen Stromes auf die Frage kVA oder kS hinaus. Dabei tritt aus tariftechnischen Gründen die reine Scheinverbrauchmessung, also die Messung mittels eines Scheinverbrauchzählers allein, gegenüber der Messung eines mit einem Wirkverbrauchzähler kombinierten Scheinverbrauchzählers in den Hintergrund.

Wir wollen zur Frage „kVA oder kS“ zunächst vom meßtechnischen Standpunkte aus Stellung nehmen. Der meßtechnische Standpunkt hat die Meßgenauigkeit, die Eichfähigkeit, die Schaltung und die Betriebssicherheit der Apparate zu berücksichtigen. Sämtliche Punkte sind abhängig von der Zahl der zu einer Messung benötigten Apparate. Die Art der Apparate selbst kommt dabei erst in zweiter Linie.

Die Meßgenauigkeit ist bedingt durch das für den betreffenden Apparat verwendete Meßprinzip, sowie dessen konstruktive und fabrikationstechnische Durchbildung. Von wesentlichem Einfluß auf die Genauigkeit der Apparate sind also alle mit der Zeit veränderlichen Faktoren, die Trieb- und Bremsmomente beeinflussen: Magnete, Triebeisen, Zählwerk und Lagerung.

Die Eichfähigkeit eines Apparates ist in erster Linie nach der zur Eichung benötigten Zeit zu beurteilen, wobei allerdings die in der konstruktiven Durchbildung beruhenden Unterschiede der Eichfähigkeit Zähler verschiedener Fabrikation berücksichtigt werden muß. Die Frage, ob Serieneichung oder Einzeleichung, tritt deshalb zurück, weil diese Frage zum Teil nur von der Stückzahl der zu eichenden Apparate abhängig ist. Wir schließen bei diesen Betrachtungen allerdings die Apparate aus, die Zusatzeinrichtungen gegenüber den normalen Apparaten besitzen, wie z. B. Maximumzähler, Spitzenzähler usw. Die Betriebssicherheit ist bedingt durch die Einfachheit der verwendeten Apparate. Umschalterelais vermindern die Betriebssicherheit und machen sich auch bezüglich der Meßgenauigkeit störend bemerkbar. Auch mechanische Umschaltungen, wie Doppelzählwerke, Kurzschließer, Rücklaufhemmungen mit Kontaktvorrichtungen beeinträchtigen die Betriebssicherheit. Normale Rücklaufhemmungen dürfen wir dagegen in den heute vorliegenden Ausführungen als einwandfrei ansehen.

Angewandt auf die Frage kVA oder kS ergibt sich folgendes: Die bis heute vorliegenden praktischen Ausführungen der Scheinverbrauchzähler arbeiten schon theoretisch nur mit Näherungswerten. Die reinen Blindverbrauchzähler dagegen haben ein der zu messenden Größe proportionales Drehmoment. Die praktische Ausführung beider Apparate[15]) läßt sich jedoch innerhalb der zulässigen Fehlergrenzen halten. Trotzdem wird die praktische Meßgenauigkeit beider Apparate verschieden sein. Der Blindverbrauchzähler ist dem Scheinverbrauchzähler bezüglich der Meßgenauigkeit überlegen.

Auch die Eichfähigkeit der beiden Apparate ist verschieden. Für die Einstellung des reinen Blindverbrauchzählers ist ein sehr exaktes Kriterium durch die $\cos\varphi = 1$-Einstellung gegeben. Bei dem Scheinverbrauchzähler hängt die genaue Einstellung auf eine bestimmte Phasenverschiebung immer von der Zuverlässigkeit und Genauigkeit des Eichenden ab; beim Scheinverbrauchzähler nach GEC-Patenten sind zwei derartige Einstellungen nötig. Gleich große Fehler wirken sich in beiden Fällen prozentual anders aus. Der Blindverbrauchzähler ist auch in der Eichfähigkeit dem Scheinverbrauchzähler überlegen.

Die Betriebssicherheit bei Scheinverbrauchmessung und reiner Blindverbrauchmessung ist je nach der Art der Abnehmer verschieden. Für Abnehmer mit (+)-Wirkstrom und nur (+)-Blindstrom ist die Betriebssicherheit bei beiden Meßmethoden gleich. Wesentlich anders wird dies für Abnehmer mit (+)-Wirkstrom und (+)- und (—)-Blindstrom oder gar für den Parallelbetrieb. Zur Betrachtung dieser Verhältnisse sind noch einige Ausführungen nötig.

Der der Scheinlast bzw. dem Scheinverbrauch entsprechende Strom J hat eine Wirkverbrauchkomponente, die für alle Winkel zwischen 0^0 und 180^0, also von 90^0 Nacheilung bis 90^0 Voreilung die gleiche Richtung hat. Der Umlaufsinn der Systemscheibe eines Scheinverbrauchzählers bleibt bei Vor- und Nacheilung also der gleiche. Der Magnetisierungsstrom hat jedoch bei Nacheilung die entgegengesetzte Richtung wie bei Voreilung. Für die Stromerzeugung ist daher eine Scheinlast mit voreilendem Strome von ganz anderem Werte, wie eine Scheinlast mit nacheilendem Strome. Während nämlich der induktive Scheinverbrauch für die Strom-

[15]) Nur für den Scheinverbrauchzähler nach GEC-Patenten, da beim normalen Zähler bei Überschreitung der der Eichung zugrunde liegenden Leistungsfaktorgrenzen unzulässige Fehler auftreten. Ein normaler Scheinverbrauchzähler, der auf $\cos\varphi = 0{,}4 - 0{,}9$ eingestellt ist, zeigt bei $\cos\varphi = 1$ einen Fehler von ca. 30%.

erzeugungsmaschinen die bekannte Belastung durch den Magnetisierungsstrom darstellt, entlastet der voreilende Scheinverbrauch die Stromerzeuger ganz wesentlich. Eine Unterscheidung des Scheinverbrauches nach Voreilung bzw. Nacheilung muß daher unbedingt durchgeführt werden. Getrennte Registrierung ist notwendig.

Bei Verwendung von Scheinverbrauchzählern ist demnach zur Registrierung des Verbrauches von Abnehmern oben bezeichneter Art neben zwei Scheinverbrauchzählern auch noch ein Organ notwendig, das die beiden Scheinverbrauchzähler beim Durchgang der Phasenverschiebung durch 0^0 wechselweise ein- und ausschaltet. Diese Aufgabe erfüllt das sin φ-Relais.

Die reine Blindverbrauchmessung benötigt zur Messung der bezeichneten Abnehmer nur zwei mit Rücklauf versehene Blindverbrauchzähler. Ein Umschalterelais ist nicht nötig. Für diese Abnehmergruppe ist also betriebstechnisch die reine Blindverbrauchmessung der Scheinverbrauchmessung überlegen.

Für den Parallelbetrieb sind bei der Scheinverbrauchmessung außer den beiden Wirkverbrauchzählern noch vier Scheinverbrauchzähler mit Rücklaufhemmung sowie ein sin φ-Relais nötig, also das gleiche umständliche Aggregat wie das bereits erläuterte aus sieben Apparaten bestehende Blindverbrauchaggregat (siehe Abb. 36). Bei Aufrechterhaltung der Forderung den mittleren Leistungsfaktor bestimmen zu können, läßt sich jedoch, wie wir gesehen haben, dieses Aggregat auf vier Apparate vereinfachen. Eine derartige Vereinfachung ist beim Scheinverbrauchaggregat in gleichem Maße nicht möglich. Wohl ist auch beim Scheinverbrauchaggregat die Verwendung von Doppelzählwerken zulässig; es müssen die mit Doppelzählwerk versehenen Zähler beim Durchgang durch $\cos \varphi = 1$ wechselweise ein- und ausgeschaltet werden, um eine Doppelregistrierung zu vermeiden. Dieses Aus- und Einschalten kann jedoch im Gegensatz zum Blindverbrauchaggregat mit einer Rücklaufhemmung nicht durchgeführt werden. Es ist vielmehr ein eigenes sin φ-Relais nötig, da ein Scheinverbrauchzähler wohl die Funktion eines wattmetrischen Relais, nicht aber die eines sin φ-Relais übernehmen kann.

Lassen wir nun die Forderung nach der Bestimmbarkeit des mittleren Leistungsfaktors fallen, so erhalten wir bei der Blindverbrauchmessung das bereits erwähnte außerordentlich einfache und übersichtliche Meßaggregat, bestehend aus zwei Wirkverbrauch- und zwei Blindverbrauchzählern, sämtliche mit Einfachzählwerk und normaler Rücklaufhemmung. Das vereinfachte Aggregat stellt für die gegebene Aufgabe ein Höchstmaß von Klarheit und Einfachheit der Apparatur dar. Mit Scheinverbrauchzählern läßt sich diese Vereinfachung dagegen nicht durchführen. Der Scheinverbrauch ist für jeden der vier Quadranten anders charakterisiert: für die Quadranten *III* und *IV* gegenüber *I* und *II* durch die Wirkverbrauchkomponente, für die Quadranten *I* und *IV* gegenüber *II* und *III* durch die Blindverbrauchkomponente. Eine Zusammenfassung der Meßresultate zweier Quadranten, wie dies bei der Blindverbrauchmessung möglich und physikalisch richtig ist, ist beim Scheinverbrauchzähler unzulässig. Eine Vereinfachung des bereits oben erläuterten Scheinverbrauchaggregates ist mithin nicht mehr durchführbar.

Für den Parallelbetrieb ist demnach sowohl für die Verrechnung nach reinem Blindverbrauch, wie auch bei einer Verrechnung unter Zugrundelegung eines mittleren Leistungsfaktors der reine Blindverbrauchzähler dem Scheinverbrauchzähler unbedingt überlegen.

Es ist nur eine konsequente Weiterverfolgung dieser Gedankengänge, wenn man dem allgemein und stets verwendbaren Apparat — dem reinen Blindverbrauchzähler — auch dort das Feld einräumt, wo der Scheinverbrauchzähler „auch“ brauchbare Ergebnisse liefert, eine Forderung, die wie jede Vereinheitlichung Erhebliches für sich hat.

Zusammenfassend läßt sich sagen, daß vom meßtechnischen Standpunkte aus der reine Blindverbrauchzähler dem Scheinverbrauchzähler allgemein überlegen ist. Nur für Abnehmer, bei denen eine Rücklieferung weder von Wirk- noch von Magnetisierungsstrom in Frage kommt, ist der Scheinverbrauchzähler meßtechnisch dem Blindverbrauchzähler gleichzustellen.

III. Die Verrechnung des phasenverschobenen Stromes.

1. Die Grundlagen der Verrechnung.

Der Verkauf von elektrischer Energie erfolgt, wie jeder Verkauf, nach dem Prinzip von „Leistung“ und „Gegenwert“. Die Schwierigkeit der Verrechnung beruht in der Definition der „Leistung“.

Die physikalische Definition dieser „Leistung“ — der elektrischen Arbeit — ist das Joule, gleich 10^7 cgs-Einheiten, die technische Einheit die Kilowattstunde. Die Menge der gelieferten kWh entspricht jedoch nicht der tatsächlichen „Leistung“ eines Werkes für einen Abnehmer. Eine gerechte Verrechnung wird sich daher nicht allein auf die Verrechnung der kWh stützen können und dürfen, sofern der fragliche Abnehmer oder die Abnehmergruppe von einer für das Werk nicht mehr zu vernachlässigenden Größe ist. Wir ziehen uns also von vornherein schon bestimmte Grenzen, über die hinaus die nachstehenden Ausführungen strenggenommen zwar noch richtig sind, praktischen Wert jedoch nicht besitzen. Wo diese Grenze liegt, läßt sich schwer angeben. Sie ist für jedes Werk verschieden, da sie sowohl von der Größe, Eigenart und Lage des Werkes, als auch der Art der Abnehmer bzw. Abnehmergruppen abhängt.

Die Messung der elektrischen Arbeit stützt sich auf die Angaben der gesetzlich zugelassenen Meßgeräte. Auch in dieser Richtung ist eine Grenze gezogen, die jedoch nicht als starr und ein für allemal gegeben zu betrachten ist, die vielmehr wesentlich abhängt von dem jeweiligen Stand der technischen Erkenntnis und Entwicklung, wobei überdies noch die Anpassungsfähigkeit der Gesetzgebung an diese Entwicklung zu berücksichtigen ist.

Die Verrechnung der elektrischen Arbeit basiert auf deren Gestehungskosten, also bei gegebener Zeit, Spannung und Leistungsfaktor auf den Gestehungskosten des elektrischen Stromes. Die Gestehungskosten des elektrischen Stromes sind also abhängig vom Leistungsfaktor!

Allgemein sind die Gestehungskosten des elektrischen Stromes gegeben durch die Kapitalkosten zur Erstellung des stromliefernden Werkes und die zum Betrieb des Werkes nötigen Betriebskosten. Die Kapitalkosten, auch als feste Kosten bezeichnet, schließen in sich die Verzinsung und Amortisation des Kapitals, die Abschreibung der Gebäulichkeiten, Maschinen usw. und sind abhängig von der Maximalleistung des Werkes. Die Betriebskosten oder die beweglichen Kosten umfassen die Aufwendung für die Betriebsstoffe, die Ausgaben für laufende Instandhaltungsarbeiten, sowie den größten Teil der Personalkosten. Ein Teil der Personalkosten ist allerdings den Kapitalkosten zuzuschreiben. Die Betriebskosten sind abhängig von der abgegebenen Arbeit in Kilowattstunden.

Bezeichnen wir die Kapitalkosten mit k, die Betriebskosten mit b und drücken wir den Ausnützungsfaktor des Werkes durch die Benutzungszeit T der zentralen Höchstleistung aus, so lassen sich die Gestehungskosten der nutzbar abgegebenen Arbeit auf die Formel

$$p = \frac{k}{T} + b \tag{88}$$

bringen. Von den beiden Summanden der rechten Seite dieser Gleichung ist nur der eine von der Phasenverschiebung abhängig. Außer den Generatoren, Schaltanlagen, Leitungen, Transformatoren sind auch nichtelektromaschinelle Teile der Anlage vom Leistungsfaktor insofern abhängig, als ein zu geringer Leistungsfaktor das Herausholen der Nennleistung der Maschine infolge Überlastung der Generatoren unmöglich machen kann. Strenggenommen sind demnach nur die rein baulichen Kosten von der Phasenverschiebung unabhängig.

Die Abhängigkeit der Kapitalkosten vom Leistungsfaktor ist verschieden. Allgemein findet man in den Abhandlungen über diesen Punkt, daß der nichtelektromaschinelle Teil der Anlage vom Leistungsfaktor unabhängig gerechnet wird. Ich schließe mich im weiteren dieser Ansicht an, und dies um so leichter, als m. E. diese Gedankengänge sowieso nicht zu einer befriedigenden Lösung der Verrechnung des phasenverschobenen Stromes führen. Wir nehmen also den rein baulichen und den nichtelektromaschinellen Teil der Anlage als von der Phasenverschiebung unabhängig an. Für die Generatoren, Transformatoren und auch für die Schaltanlagen wachsen die Kapitalkosten im Verhältnis $\frac{1}{\cos\varphi}$, wenn man die Verluste für die verschiedenen Werte des Leistungsfaktors gleich groß einsetzt. Die Kosten des vom Quadrat des Stromes abhängigen Leistungsnetzes — abermals bei Gleichheit der Verluste — zeigen die Abhängigkeit $\frac{1}{\cos^2\varphi}$ vom Leistungsfaktor. In einer Anlage gibt es ferner noch Teile, die in ihrer Abhängigkeit vom Leistungsfaktor zwischen diesen beiden Werten liegen. Je nach dem Charakter des Werkes wird der prozentuale Anteil der eben angegebenen Abhängigkeiten an den Kapitalkosten schwanken. Wir brauchen uns hierfür nur die Kapitalkosten ausgesprochener Überlandwerke mit ausgedehnten Leitungsnetzen und etwa zum

Leistungsausgleich bestimmter Großkraftwerke mit wenigen und relativ kurzen Verbindungsleitungen vorstellen.

Für die bei den Kapitalkosten anzusetzenden Konstanten sind verschiedentlich Erfahrungswerte angegeben worden. So gibt z. B. Kopp für die Erzeugungskosten pro nutzbar abgegebene kWh die folgende Formel (89) an[16]):

$$k = \frac{a_1 + a_2 \cdot \frac{1}{\cos\varphi} + \left[a_3 + \frac{a_3}{8000} \cdot y^2\right]}{T} + b\,. \tag{89}$$

Bei allen diesen Betrachtungen darf nicht außer acht gelassen werden, daß die Benutzungsdauer der zentralen Höchstbelastung T, die bei den einzelnen Werken sehr verschieden sein kann, von bestimmendem Einfluß ist, ein Punkt, auf den wir später noch ausführlich zu sprechen kommen werden.

Mit den von Kopp angegebenen Erfahrungswerten erhalten wir für die Stromgestehungskosten die in Abb. 42 aufgetragene Kurve. Zum Vergleich sind in die gleiche Abbildung die entsprechenden Kurven des Arno- und des Scheinverbrauchzählers eingetragen. Aus der Abbildung geht hervor, daß sowohl die von Arno wie auch die von Kopp gegebenen Werte erheblich von der Scheinlast abweichen. Da die Abweichungen bei den verschiedenen Werten der Phasenverschiebung verschieden sind, kann man die Scheinlast auch nicht proportional den Kapitalkosten setzen. Zu betonen ist die verhält-

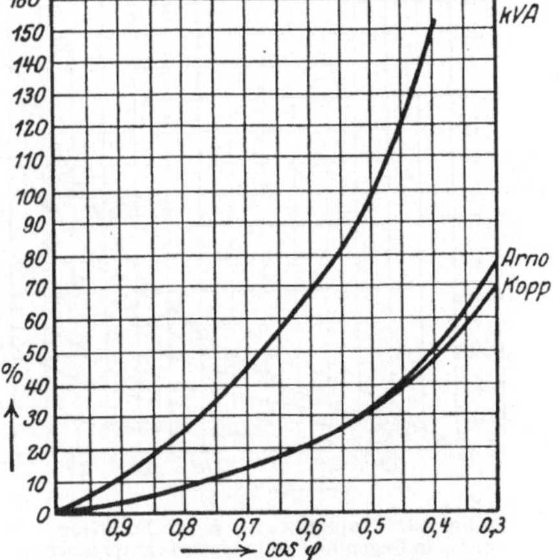

Abb. 42. Änderung der Gestehungskosten der kWh gegenüber den Kosten bei $\cos\varphi = 1$ in Prozenten.

---

[16]) In diese Formel ist für a_1 der Vorkriegswert von 38.— M., für a_2 42.— M. und a_3 20.— M. einzusetzen. Für y gilt der Wert Null bei $\cos\varphi = 1$. Bei $\cos\varphi = 0{,}9$ ist der Wert 15 und so jeweils um 15 steigend bis 135 bei $\cos\varphi = 0{,}1$ einzusetzen.

Für T, die Betriebsstundenzahl der Zentralen-Höchstbelastung, gibt Kopp 3000 Stunden an und für b den Wert 2,5 Pf.

nismäßig sehr gute Übereinstimmung der von Arno und von Kopp ermittelten Werte für alle praktisch vorkommenden Werte des Leistungsfaktors.

Wir ziehen nun zwischen der Kurve für den Kapitaldienst und den Angaben eines Sicosummenzählers einen Vergleich, wobei wir außer ersterer Kurven auftragen, in deren Werte die Blindlast mit 5, 10, 15, 20, 25 und 30% des Wirkstromwertes eingesetzt ist. (Abb. 43.) Wir haben dadurch ein sehr bequemes Mittel zur Bestimmung des Wertes des Blindstromes für jedes Werk. Nehmen wir beispielsweise an, die Kurve K sei für ein Werk ermittelt, so bestimmen wir für diese Kurve K durch Einsetzen verschiedener Werte für den Blindstrom eine Blindverbrauchskurve, die sich der Kurve K für den in Betracht kommenden Bereich des Leistungsfaktors bestens anpaßt. Der dieser Kurve zugrunde liegende Prozentsatz des Blindstromwertes gegenüber dem Wirkstromwert ist für das betreffende Werk der richtige. Wir verfügen somit über einen verhältnismäßig einfachen Weg zur Bestimmung des Wertes der kSh für ein Werk, was sicherlich von Wert ist, wenn man bedenkt, daß heute in der Praxis Prozentsätze von 5 bis 37% des Wirkstrompreises zur Verrechnung des Blindstromes Anwendung finden.

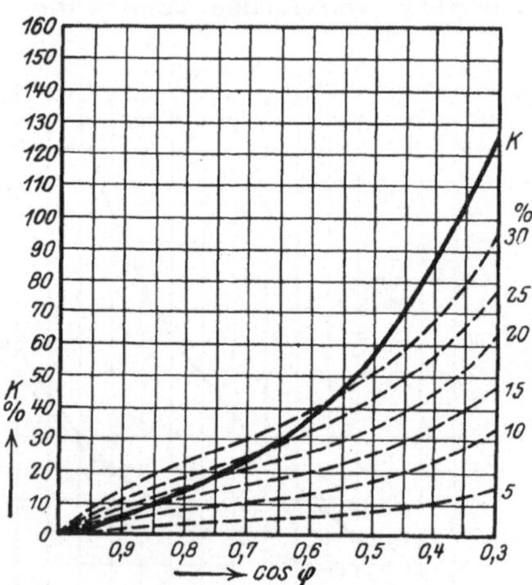

Abb. 43. Kapitalkosten K als Funktion von $\cos \varphi$ in Gegenüberstellung zum entsprechenden reinen Blindverbrauch für verschiedene Wertigkeiten des Blindstromes.

Die gesamten bisherigen Ausführungen stützen sich auf Formeln, in denen die Abhängigkeit der Stromgestehungskosten vom Leistungsfaktor formuliert ist.

Beim Vergleich der in dieser Weise ermittelten Kurven mit den entsprechenden Werten verschiedener Blindverbrauchmeßapparate haben wir empirisch bereits eine genügende Übereinstimmung gefunden. Tatsächlich liegen auch genaue Untersuchungen vor, die für jeden Teil einer Anlage eine Abhängigkeit gemäß der Formel (88)

$$K = c \cdot A_w + c_1 \cdot A_b \tag{90}$$

ergeben. Nach dieser Formel ergibt der reine Blindverbrauch ein genaues Maß für die Verrechnung der Stromgestehungskosten einer Anlage. Der große Wert der Formel (90) liegt darin, daß in ihr eine Abhängigkeit der Stromgestehungskosten unter Ausschaltung des Leistungsfaktors gegeben ist. Die Formel (90) stellt eine wertvolle Stütze für die Messung und Verrechnung nach dem reinen Blindverbrauch dar. Sie liefert einen Beweis für die Richtigkeit der auf der Verlustrechnung begründeten Blindverbrauchmessung, der um so wertvoller ist, als dadurch auf vollkommen verschiedenen Wegen das gleiche Ergebnis erlangt ist.

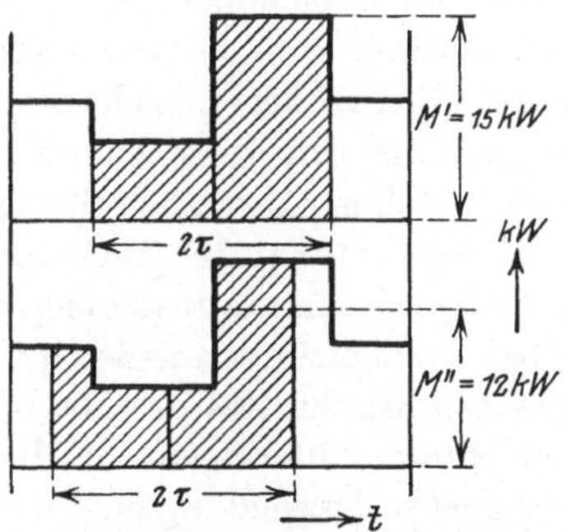

Abb. 44. Anzeige zweier Maximumzähler am gleichen Belastungsdiagramm bei einer Zeitdifferenz der Registrierperiode τ von 5 Minuten.

Bei den bisherigen Betrachtungen über die Verrechnung des phasenverschobenen Stromes, die von den Stromgestehungskosten als Funktion des Leistungsfaktors ausgehen, findet sich allgemein die Behauptung, daß das Maximum eines Belastungsabschnittes, der sogenannten Registrierperiode, für die festen Kosten, die der Abnehmer dem Werk auferlegt, maßgebend seien. Unter dem „Maximum" ist dabei der Leistungsmittelwert innerhalb eines bestimmten Zeitabschnittes, meist einer Viertelstunde, verstanden.

Schon in der Festlegung der Dauer des Zeitabschnittes liegt eine nicht unbeträchtliche Willkür, da selbstverständlich ein Unterschied in der Größe des Maximums bestehen wird, wenn es den Mittelwert über eine Viertelstunde oder eine halbe Stunde oder gar eine ganze Stunde darstellt. Je größer die Registrierperiode gewählt wird, um so eher hat der Abnehmer die Möglichkeit, Belastungsspitzen auszugleichen und sein „Maximum" zu drücken. Um die in der Maximumausgabe liegende Willkür zu zeigen, ist in dem Diagramm der Abb. 44 für das gleiche Belastungsdiagramm der Anfangspunkt der Registrierung um eine kleine Zeitdifferenz verschoben. Die Zeitdifferenz ist so klein gewählt, daß sie selbst von den besten Umschalteuhren nicht erfaßt werden kann. Wie aus der Abb. 44 ohne weiteres ersichtlich ist, ergeben sich in beiden Fällen verschiedene Maxima, obgleich der Abnehmer dem Werke die gleichen Kosten aufbürdet. Als Beweis dafür, daß man sich auch in der Praxis dieser Unrichtigkeit bewußt ist, kann in gewissem Sinne die getrennte Registrierung der Maxima für bestimmte Zeitabschnitte, sowie die Aufzeichnung sämtlicher Maxima durch schreibende Höchstverbrauchzähler gelten. Die tiefere Ursache dieser Unstimmigkeit ist der Gleichzeitigkeitsfaktor der Abnehmer. Mit den zur Zeit vorliegenden Apparaten ist allerdings eine bessere Anpassung an die Verhältnisse, wie sie tatsächlich vorliegen, nicht möglich. Vorläufig wird der Maximumzähler immer noch als Anhalt für die Belastung des Werkes durch den Abnehmer bezüglich der festen Kosten dienen.

Registrierende Maximumzähler gestatten allein, das jeweilige Maximum zusammen mit der zugehörigen Zeit abzulesen. Obgleich auch in den registrierenden Maximumzählern die Willkür des Zeitausschnittes des Maximums liegt, gibt er doch wesentlich gerechtere Unterlagen für die Tarifgestaltung und erlaubt bei geeigneter Anwendung eine weit bessere Anpassung an die Stromgestehungskosten wie der normale Maximumzähler. Die weitgehende Verbreitung dieser Apparate kann als Beweis ihrer Brauchbarkeit als Tarifapparat und Verrechnungsgrundlage dienen.

Die Angaben eines registrierenden Wattmeters, das den Nachteil der willkürlichen Zerschneidung des Belastungsdiagrammes nicht an sich hat, können nur in beschränktem Maße zur Verrechnung herangezogen werden, da die Momentanwerte selbst kein Maß für die Belastung eines Werkes darstellen.

Eine Vervollkommnung der Zählapparate hinsichtlich einer besseren Anpassung an die Stromgestehungskosten, liegt in der von Buchholz gezeigten Richtung, auf die wir in den Schlußbemerkungen der vorliegenden Abhandlung noch näher eingehen werden.

2. Die Verrechnungsarten des phasenverschobenen Stromes.

Bei allen bisherigen Ausführungen über die Verrechnung des phasenverschobenen Stromes wurden Werke mit einem Leistungsfaktor 1 vorausgesetzt bzw. wurde der Leistungsfaktor, für den das betreffende Werk gebaut wurde, nicht berücksichtigt. Dieser Leistungsfaktor war jedoch in die Stromgestehungskosten bereits vor Einführung der Blindverbrauchmessung mit eingerechnet. Der Wunsch, diesen aus betriebstechnischen Gründen vorgesehenen Leistungsfaktor bei der Verrechnung zu berücksichtigen, hat verschiedene Tarifformen entstehen lassen. Teils gehen diese Tarife von dem Gedanken aus, den normalen Leistungsfaktor als zulässig zu betrachten und den bis zu diesem Normalleistungsfaktor entnommenen Magnetisierungsstrom nicht zu verrechnen, teils ziehen diese Tarife jedoch auch den über dem Normalleistungsfaktor liegenden Blindverbrauch zur Verrechnung heran. Die Preisstellung der abgegebenen Arbeit einschließlich des abgegebenen Magnetisierungsstromes wird dann so vorgenommen, daß durch die Verrechnung des Blindverbrauches bei dem Normalleistungsfaktor in der Gesamtrechnungssumme gegenüber der Summe bei Verrechnung ohne Berücksichtigung des Blindverbrauches nichts geändert wird. Jede Verbesserung des Leistungsfaktors über den Normalleistungsfaktor hinaus kommt somit dem Abnehmer sichtbar zugute. Es ist klar, daß dieses Verfahren auf den Abnehmer einen nicht zu unterschätzenden Anreiz ausübt, seinen Leistungsfaktor zu verbessern. Es ist wiederum nur eine Frage der technischen Aufklärung der Abnehmerkreise, zu zeigen, daß der gleiche Anreiz zur Verbesserung des Leistungsfaktors auch bei Verrechnung nach reinem Blindverbrauch gegeben ist, insbesondere da man mit der Einführung der Blindverbrauchmessung den Wirkstrompreis in der Regel zurücksetzen kann. Die Zurücksetzung des Wirkstrompreises bei Einführung der Blindverbrauchmessung ist dadurch bedingt, daß man mit der Einführung die Stromgestehungskosten auf den Leistungsfaktor 1 bezieht, während sie vor der Einführung der Blindverbrauchmessung auf dem Leistungsfaktor fußten, für den das Werk gebaut wurde.

In der Praxis finden sich verschiedene Verfahren zur Verrechnung des Blindverbrauches, deren Besprechung wir uns nunmehr zuwenden wollen. Gleichzeitig wird sich dabei bei den einzelnen Verrechnungsarten die Möglichkeit bieten, zur Frage, ob und wie diese Verrechnungsmethoden auf die Verrechnung nach reinem Blindverbrauch zurückgeführt werden können, Stellung zu nehmen.

a) Die Verrechnung nach dem „mittleren“ Leistungsfaktor.

Die weitaus überwiegende Anzahl der Werke sieht in ihren Stromlieferungsverträgen besondere „Blindstromklauseln“ vor, die einen bestimmten Leistungsfaktor der Verrechnung zugrunde legen. Aus den Angaben des Wirk- und Blindverbrauchzählers wird über die Tangente des Phasenverschiebungswinkels ein „Mittelwert“ des Leistungsfaktors gebildet. Dieser mittlere Leistungsfaktor dient als Kriterium dafür, ob und wie der Blindverbrauch umzurechnen ist. Dem Abnehmer wird ein einem gewissen „mittleren“ Leistungsfaktor entsprechender Blindverbrauch von vornherein eingeräumt. Erst der Mehrverbrauch gelangt zur Verrechnung, während für einen Minderverbrauch zuweilen eine Vergütung gewährt wird. Diesem Verfahren haftet schon betriebstechnisch insofern ein erheblicher Nachteil an, als Abnehmer mit stark schwankendem Leistungsfaktor arbeiten können, wenn sie nur im Mittel den vorgeschriebenen Wert des Leistungsfaktors nicht unterschreiten.

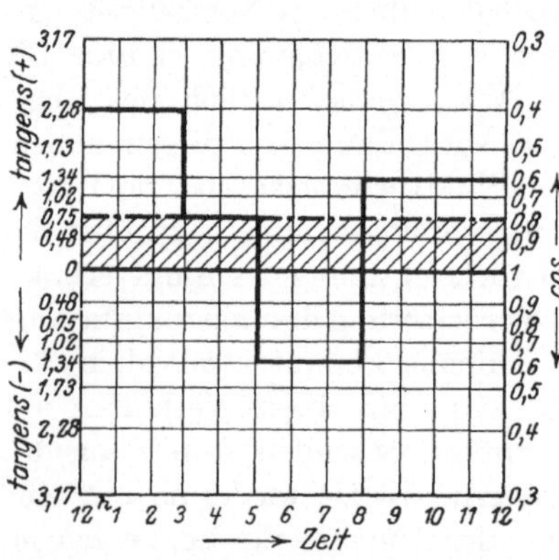

Abb. 45. Verrechnung nach dem „mittleren“ Leistungsfaktor bei stark schwankendem Leistungsfaktor.

Zur Erläuterung dieser Ausführungen diene das Blindlastdiagramm der Abb. 45. Der betreffende Abnehmer, dessen Leistungsfaktor zwischen den Grenzen 0,4 (nacheilend) und 0,6 (voreilend) schwankt, hat kein Interesse, Vorkehrungen zur Verbesserung seines Leistungsfaktors zu treffen, da er ja in der Lage ist, seinen bei hoher Belastung schlechten Leistungsfaktor zu Zeiten geringer Belastung durch Übererregung seiner Maschinen, also Rücklieferung von Magnetisierungsstrom, wieder auszugleichen. Der schlechte Leistungsfaktor und damit die Strommehrbelastung der Generatoren kann aber gerade in die werkungünstigste Zeit fallen. Durch die Verrechnung nach dem „mittleren“ Leistungsfaktor wird dem stromerzeugenden Werke jedoch ein Abnehmer mit gutem Leistungsfaktor vorgetäuscht, während in Wirklichkeit gerade Abnehmer dieser Art dem Werk erhebliche Bereitstellungskosten verursachen. Diese Bedenken fallen bei der Verrechnung nach dem reinen Blindverbrauch weg. Der Blindverbrauch wird in seiner tatsächlichen Größe gemessen und ohne jede Bezugnahme auf die Größe des Wirkverbrauches verrechnet. Dadurch entfällt jede Ausgleichsmöglichkeit bei stark schwankender Blindlastentnahme.

Die Verrechnung nach dem „mittleren“ Leistungsfaktor läßt sich jedoch, wie Krukowski gleichfalls an Hand von Arbeitsgleichungen gezeigt hat, auf die Verrechnung nach reinem Blind-

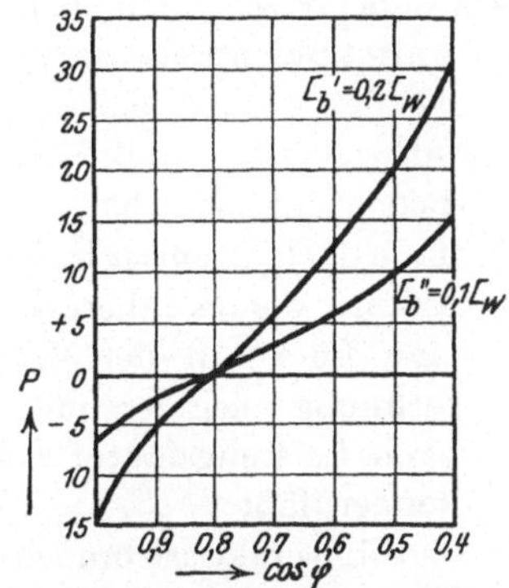

Abb. 46. Preiszuschlag P bei Verrechnung nach Bußmann als Funktion von $\cos\varphi$ für $\cos\alpha = 0{,}8$.

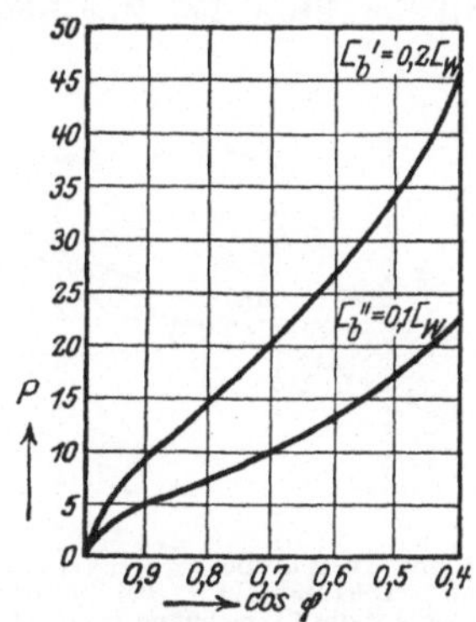

Abb. 47. Preiszuschlag P bei Verrechnung nach reinem Blindverbrauch in Abhängigkeit vom $\cos\varphi$.

verbrauch zurückführen, allerdings zunächst unter der Einschränkung, daß die Preise der Blind-Kilowattstunde bei Über- bzw. Unterschreitung des festgelegten Leistungsfaktors gleich sind. Die beiden Verrechnungsarten ergeben dann stets gleiche Preise. Es ist nur nötig, die Preise der Kilosinstunde und der Kilowattstunde entsprechend festzusetzen.

Die Gleichwertigkeit der beiden Verrechnungsarten zeigt sich sehr klar in den Kurven der Abb. 46, in der der Preiszuschlag P als Funktion des Leistungsfaktors bei Verrechnung nach der Bußmannschen Methode unter Zugrundelegung des Leistungsfaktors $\cos\varphi = 0{,}8$ aufgetragen ist. Zum Vergleiche ist der Preiszuschlag P als Funktion des Leistungsfaktors bei Verrechnung nach dem reinen Blindverbrauch in Abb. 47 wiedergegeben.

Eine Änderung des Ordinatenmaßstabes bringt die beiden Kurven ohne weiteres zur Deckung. Einer Änderung des Ordinatenmaßstabes entspricht eine Änderung des Kilowattstundenpreises, so daß wir auch auf diesem Wege zu dem gleichen Resultat gelangen wie bei unseren früheren Ermittlungen. Ändert sich der Preis bei Über- oder Unterschreitung des normalen Leistungsfaktors, d. h. ist die Vergütung, die das Werk bei Überschreitung des Normalleistungsfaktors gewährt, geringer wie der Zuschlag bei Unterschreitung dieses Leistungsfaktors, so läßt sich eine genaue Überführung auf die reine Blindverbrauchmessung nur bei Verwendung zweier Kilowattstundenpreise durchführen. In diesem Falle müßten bei Zuschlag oder Vergütung verschiedene Kilowattstundenpreise angewendet werden, ein Verfahren, das praktische Bedeutung nicht hat. Es ist jedoch insofern interessant, als es abermals eine Lücke in der Verrechnung nach dem mittleren Leistungsfaktor erkennen läßt.

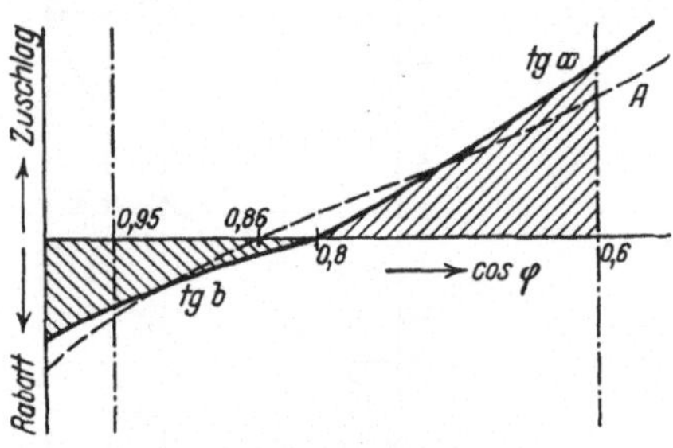

Abb. 48. Überführung der Verrechnung nach „mittlerem" Leistungsfaktor bei verschiedenen kSh-Preisen auf die Verrechnung nach reinem Blindverbrauch und einem kSh-Preis.

Eine praktisch brauchbare näherungsweise Überführung der eben besprochenen Tarifgestaltung mit verschiedenen Preisen bei Über- bzw. Unterschreitung des normalen Leistungsfaktors in die reine Blindverbrauchmessung unter Verwendung eines Kilowattstundenpreises läßt sich vielleicht in der Weise durchführen, wie dies in Abb. 48 gezeigt ist. Es ist in dieser Abbildung der meist vorliegende Fall angenommen, daß der Rabatt des Werkes nur halb so groß ist, wie der Zuschlag, bezogen auf einen Normalleistungsfaktor, in unserer Abbildung $\cos \varphi = 0{,}8$. Mit dieser Annahme erhalten wir den stark ausgezogenen, gebrochenen Linienzug, der sich aus den beiden Tangenskurven *a* und *b* zusammensetzt. Die (////) schraffierte Fläche gibt ein Maß für die Zuschläge, die der Abnehmer zu zahlen hat, die (\\\\) schraffierte Fläche ein Maß für die Vergütung, die er erhält. Zur Überführung dieser Verrechnung auf die Verrechnung nach reinem Blindverbrauch geht man zweckmäßig in der Weise vor, daß man die Grenzen des Leistungsfaktors, wie sie bei dem Abnehmer praktisch vorkommen (in unserer Abbildung, $\cos\varphi = 0{,}95 - 0{,}6$), festlegt und dann versucht, die beiden schraffierten Flächen unter Beibehaltung ihres Inhaltes in solche Flächen zu verwandeln, die durch die Abszisse und eine gemeinsame Tangenskurve begrenzt sind. Dies ist dadurch möglich, daß man den Schnittpunkt der gemeinsamen Tangentenlinie (in der Abbildung Kurve A) mit der Abszisse gegenüber dem Schnittpunkt, der durch den Normalleistungsfaktor gegeben ist, verlegt. In dem Falle der Abb. 48 würde also nach einem Leistungsfaktor $\cos\varphi = 0{,}86$ zu verrechnen sein. Da es sich ja nur um eine verrechnungstechnische Maßnahme handelt, bestehen gegen diese Änderung des Leistungsfaktors keine Bedenken. Für die so ermittelte Kurve A gilt nun ein Kilosinstundenpreis. Die weitere Überführung auf die reine Blindverbrauchmessung kann dann unschwer in der bekannten Weise durchgeführt werden.

Die Verrechnung des Blindverbrauches zu verschiedenen Preisen bei Über- und Unterschreitung eines Normalleistungsfaktors läßt sich also näherungsweise ersetzen durch eine einheitliche Verrechnung nach reinem Blindverbrauch. Ist der Preisunterschied zwischen Rabatt und Zuschlag sehr erheblich, so kann man dieses Verfahren zwar noch anwenden, man muß jedoch die Leistungsfaktorgrenzen verengern. Die Genauigkeit dieser Überführung, die für alle praktisch vorkommenden Verhältnisse genügt, kann man durch entsprechende Festsetzung der Leistungsfaktorgrenzen noch erhöhen.

b) Die Verrechnung nach dem Überschuß-Blindverbrauch.

Aus dem Wunsche nach sichtbarer Berücksichtigung des Leistungsfaktors entstand der Überschuß-Blindverbrauchzähler, dessen Wirkungsweise wir aus früheren Abschnitten der vorliegenden Abhandlung bereits kennen. Der Überschuß-Blindverbrauchzähler vermindert die Nachteile, die durch stark schwankenden Leistungsfaktor eines Abnehmers für ein Werk bestehen, und übt auf diesen einen erheblichen Anreiz zur Verbesserung seines Leistungsfaktors aus. Dieser Anreiz ist beim Überschuß-Blindverbrauchzähler durch die augenfällige Erhebung von Zuschlägen bei Verschlechterung und Einräumung von Rabatten bei Verbesserung des Leistungsfaktors gegeben. Es ist dies zweifellos ein wesentlicher Vorteil der Verrechnung nach dem Überschuß-Blindverbrauch.

Wie die Verrechnung nach dem mittleren Leistungsfaktor, so läßt sich auch die Verrechnung nach dem Überschuß-Blindverbrauch auf die Verrechnung nach reinem Blindverbrauch zurückführen. Die Überführung ist verhältnismäßig leicht möglich, da in diesem Falle für den Rabatt bzw. den Zuschlag stets der gleiche Preis in Frage kommt. Es ist auch hier nur eine Frage der technischen Klarstellung bei den betreffenden Abnehmern, zu zeigen, daß auch der Verrechnung nach reinem Blindverbrauch die Vorteile des Überschuß-Blindverbrauchzählers, wie auch der darauf begründeten Verrechnung anhaften.

c) Die Verrechnung nach dem „gestaffelten" Sinustarif[17]).

Aus der Anfangszeit der Verrechnung des Blindverbrauches stammt noch der gestaffelte Sinustarif. Auch bei dieser Tarifform wird ein aus den Anzeigen eines Wirk- und eines Blindverbrauchzählers, bestimmter „mittlerer" Leistungsfaktor der Verrechnung zugrunde gelegt. Der Unterschied gegenüber der Verrechnung nach a) besteht darin, daß je nach der Größe des ermittelten mittleren Leistungsfaktors verschiedene Kilosinstundenpreise angerechnet werden.

Der gestaffelte Sinustarif leitet seine Berechtigung von der Verlustformel ab. Das Verhältnis der Verluste durch den Blindstrom (V_b) zu denen durch den Wirkstrom (V_w) ist proportional dem Quadrat des Phasenverschiebungswinkels

$$\frac{V_b}{V_w} = \frac{c_1 \cdot J_b^2}{c_2 \cdot J_w^2} = \operatorname{tg}^2 \varphi \,. \qquad (91)$$

Der Leistungsfaktor gibt also bei weitem nicht die durch die Phasenverschiebung bedingte Verlustmehrung an. Die durch die Formel (91) begründete schärfere Erfassung gerade der schlechten Leistungsfaktoren wird durch den gestaffelten Sinustarif erreicht. Graphisch dargestellt, wirkt sich der gestaffelte Sinustarif in der in Abb. 49 wiedergegebenen Form aus.

---

[17]) Ich behalte diese unkorrekte Ausdrucksweise mit Rücksicht auf deren Anwendung in der Praxis bei.

Abgesehen von der Umständlichkeit der Verrechnung und der auch bei dieser Verrechnungsform nicht zu vermeidenden Ausgleichsmöglichkeit schlechter Leistungsfaktoren läßt sich auch die Begründung dieser Tarifform durch die Schwierigkeiten, die sich der praktischen Ausführung entgegenstellen, nicht halten. Um eine einigermaßen gute Anpassung an die $\mathrm{tg}^2\varphi$-Kurve zu erreichen, müßte eine sehr weitgehende Staffelung des Leistungsfaktors durchgeführt werden. Bei den praktisch möglichen Unterteilungen treten an den Grenzen der Leistungsfaktorstufen durch die Sprünge von einer tg-Kurve auf die andere Härten auf, die einer weitergehenden Verwendung des gestaffelten Sinustarifes erheblich im Wege stehen.

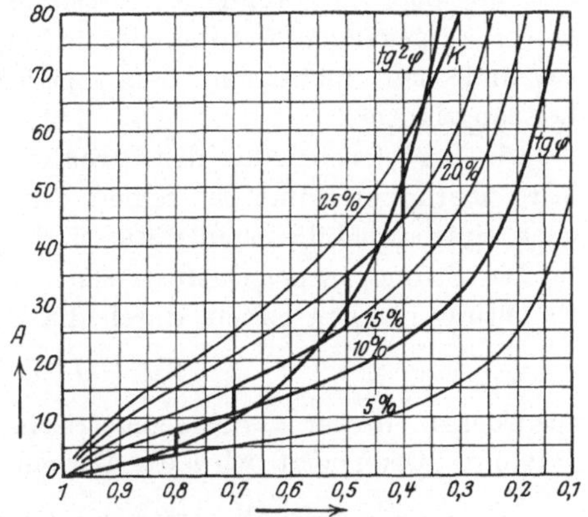

Abb. 49. Änderung des Preiszuschlages A in Abhängigkeit vom Leistungsfaktor bei Verrechnung nach dem „gestaffelten" Sinustarif.

Während die unter a) und b) aufgeführten Verrechnungsarten auf den Stromgestehungskosten basierten, stützt sich die Verrechnungsart nach c) gleichzeitig auch noch auf die durch die Blindlast erzeugten Mehrkosten in Form von Zusatzverlusten.

Gehen wir noch einen Schritt weiter, so kommen wir zu der theoretisch wie praktisch bestbegründeten Verrechnung des Blindverbrauches nach Stromwärmeverlusten, deren Besprechung wir uns nunmehr zuwenden wollen.

d) Die Verrechnung nach reinen Verlusten.

Der elektrische Teil eines jeden Werkes, die Maschinen sowohl wie die Transformatoren und die Leitungen, ist für einen bestimmten Leistungsfaktor, also für eine bestimmte Blindlast, bemessen. Eine Änderung des der Dimensionierung zugrunde liegenden Leistungsfaktors, wie sie betriebstechnisch auftritt, drückt sich innerhalb weiter Grenzen in einer Änderung der Verluste des

Werkes aus und hat innerhalb dieser Grenzen nur durch die Erhöhung bzw. Verminderung der Stromwärmeverluste einen Einfluß auf die Stromgestehungskosten.

Im Gegensatz dazu stehen die Stromgestehungskosten eines Werkes, das von vornherein für einen besseren oder schlechteren Leistungsfaktor dimensioniert ist. Es ist ein prinzipieller Unterschied zwischen den Stromgestehungskosten eines Werkes, das beispielsweise für $\cos\varphi = 0{,}75$ dimensioniert ist und mit einem Leistungsfaktor 0,6 arbeitet und einem Werk, das von vornherein für den Leistungsfaktor 0,6 dimensioniert ist. Für die Verlustmehrung oder -minderung muß deshalb stets von dem Leistungsfaktor ausgegangen werden, der bei der Erbauung des Werkes zugrunde lag, nicht von dem betriebstechnisch auftretenden Leistungsfaktor.

Die Berücksichtigung der Stromwärmeverluste, wie der Verluste überhaupt, führt zur reinen Blindverbrauchmessung, wozu noch einige Ausführungen nötig sind.

Die Stromwärmeverluste lassen sich, wie wir bereits in der Einleitung gesehen haben, durch die Formel

$$V_{cu} = J^2 \cdot r \tag{92}$$

ausdrücken, in der J die geometrische Summe von J_w und J_b darstellt. Demgemäß wird die Formel (90) zu

$$V_{cu} = (J_w^2 + J_b^2) \cdot r\,, \tag{93}$$

$$V_{cu} = V_{Jw} + V_{Jb}\,. \tag{94}$$

Die Verlustgleichung (94) bildet den Ausgangspunkt aller folgenden Ausführungen.

Die Gleichung besagt, daß sich die Gesamtverluste durch den Belastungsstrom J aus den Verlusten durch den Wirkstrom und den Verlusten durch den Blindstrom arithmetisch in voller Größe zusammensetzten. Der Blindstrom ist demnach bezüglich der Verlustmessung und Verlustverrechnung dem Wirkstrom in jeder Richtung gleichzusetzen. Diese Erkenntnis ist bereits verschiedentlich ausgesprochen worden, die konsequente Weiterverfolgung dieser Gedankengänge m. W. bisher jedoch nicht durchgeführt. Und doch bietet gerade die Verrechnung nach den Stromwärmeverlusten sowohl in der Messung, wie auch in der Verrechnung eine Einfachheit und Klarheit, wie sie von keinem anderen Verfahren zur Berücksichtigung des phasenverschobenen Stromes erreicht wird.

Wir können eine elektrische Erzeugungs- und Verteilungsanlage streng in einen elektromaschinellen und einen nichtelektromaschinellen Teil trennen, die in ihrer Art auch meßtechnisch scharf unterschieden werden können. Allein die an der Welle der Krafterzeugungsmaschine auf den Generator übertragene Leistung ist wirkliche Leistung. Ihr Gestehungspreis läßt sich einwandfrei ermitteln.

Vom Generator ab bis zum Ausgleich der erzeugten Spannung im Glühfaden der Lampe oder in der Wicklung des Motors verteilen sich die Stromwärmeverluste, sei es in Form von nutzbar verwendeter Leistung, oder in Form wirklicher Verluste[18]). Die gesamten Stromwärmeverluste sind durch die arithmetische Summe der durch den Wirkstrom und durch den Blindstrom hervorgerufenen Verluste bestimmt.

In der Praxis hat sich das Verfahren eingebürgert, Verluste in Form eines prozentualen Anteiles am Wirkverbrauch zu berücksichtigen. In den für die Verluste angesetzten Prozentsätzen sind dabei nicht allein die Leistungs- bzw. Wirkverbrauchverluste enthalten, sondern auch die Leitungs- und Transformatorenverluste, also Größen, die als ausgesprochene Stromwärmeverluste eigentlich proportional dem Quadrat des Stromes gesetzt werden müssen. Trotzdem hat es sich als zweckmäßig und praktisch sehr wohl brauchbar erwiesen, auch diese Verluste in Prozenten der abgegebenen Arbeit auszudrücken.

Von dieser Verlustwertung der Praxis ausgehend, können wir der Formel (94) eine andere Deutung geben, die sie für die Meßzwecke der Praxis außerordentlich brauchbar macht. Da wir die Verluste durch den Wirkstrom gemäß obigen Ausführungen proportional dem Wirkverbrauch gesetzt haben, nehmen wir analog die Verluste durch den Blindstrom proportional dem Blindverbrauch an, so daß wir die Gesamtverluste aus der Summe von Wirk- und Blindverbrauch ermitteln können.

Wir betrachten also die vom Kilowattstundenzähler angege-

---

[18]) Die sogenannten Eisenverluste der Transformatoren sind keine Verluste schlechthin, sondern tatsächliche Belastungen, die meßtechnisch entweder hochspannungsseitig oder niederspannungsseitig erfaßt werden können.

benen kWh als den Teil der Leistung, der dem Abnehmer als Nutzleistung zur Verfügung gestellt wird. Durch die Verrechnung des Wirkverbrauches ist die gesamte nutzbar abgegebene Arbeit angerechnet. Es bleibt nur noch die Erfassung der durch den elektrischen Teil der Anlage bedingten Verluste, die vollständig getrennt durchgeführt werden kann. Wir erhalten diese Verluste unter Berücksichtigung des oben Erläuterten nicht als streng richtige Erfassung, aber doch mit einer für die Praxis hinreichenden Genauigkeit als Summe der Anzeigen des Kilowattstundenzählers und des Kilosinstundenzählers. Der Abnehmer erhält auf diese Weise die bezogene Energie in anderer Aufstellung verrechnet. Die in dieser Verrechnungsart liegende Doppelverrechnung der kWh ist nur eine scheinbare. Außer dem Produkt

$$E \cdot J \cdot \cos\varphi \cdot t$$

für die nutzbar abgegebene Arbeit ist also auch noch die Summe

$$E \cdot J \cdot \cos\varphi \cdot t + E \cdot J \cdot \sin\varphi \cdot t$$

für die elektrischen Verluste zu verrechnen, wobei in diese Summe für die beiden Teilarbeiten der gleiche Preis der Arbeitseinheit bzw. ein gewisser Prozentsatz des Arbeitsbetrages einzusetzen ist.

Es ist ersichtlich, daß ein Abnehmer mit dem Leistungsfaktor 1 bei einer bestimmten Wirklast die gleichen Stromwärmeverluste hervorruft, wie ein in seiner Wirklast um 30% kleinerer Abnehmer mit einem Leistungsfaktor von $\cos\varphi = 0{,}7$. Die Besserstellung des ersten Abnehmers gegenüber dem zweiten erfolgt dann automatisch durch den Wegfall des zweiten Gliedes der obigen Summe.

Zweckmäßig werden wir bei dieser Verrechnungsart zur begrifflichen Darstellung zwischen der kWh und einer Größe unterscheiden, die durch die Summe

$$E \cdot J \cdot \cos\varphi \cdot t + E \cdot J \cdot \sin\varphi \cdot t \tag{95}$$

bestimmt ist und die wir vielleicht „Verlusteinheit“ (VEh) nennen wollen.

Die Verrechnung gestaltet sich dann mittels eines Kilowattstundenzählers und eines Kilosinstundenzählers außerordentlich einfach: Die kWh werden wie üblich verrechnet; die Summe der kWh und kSh ergeben die VEh, die nach einem bestimmten Satze zu verrechnen sind. Es bleibt dem Werk vorbehalten, den auf den Wirkverbrauch entfallenden Teil der VEh gleich zum Kilowattstundenpreis zu rechnen, wodurch die Verrechnung nach dem Verlusteinheitpreis einer Verrechnung nach dem Kilosinstundenpreis gleichkommt. Man kann jedoch außer dem Kilowattstundenzähler noch einen Wirk-Blindverbrauchzähler einbauen, der die VEh direkt angibt, die dann ohne jede Umrechnung verrechnet werden können. Bezüglich der „Wertigkeit" der VEh ist folgendes auszuführen:

Man gelangt zunächst schon in der Weise zu einem Ergebnis, daß man die von einem Werk vor Berücksichtigung des Blindverbrauches ermittelten Verlustprozentsätze, die normalerweise auf die kWh geschlagen werden, als Grundlage für den Wert der VEh nimmt. Die Bestimmung der VEh gibt auch ein Maß für die Bestimmung des Wertes der kSh.

Praktisch läßt sich dies außerordentlich einfach durchführen, da jedes Werk in der Lage ist, den gesamten anfallenden Blindverbrauch durch Einbau eines oder einiger weniger Blindverbrauchzähler zu bestimmen. Unter Berücksichtigung des Prozentsatzes der Abnehmer, die zur Verrechnung des Blindverbrauches herangezogen werden sollen, kann das Werk den Blindverbrauch ziemlich richtig auf die betreffenden Abnehmer tariftechnisch umlegen.

Unter der Annahme gleicher Dimensionierung einer Stromleitungs- und Verteilungsanlage läßt sich der Wert der VEh auch durch Messung mit einiger Genauigkeit ermitteln. Man baut dazu in die unverzweigte Leitung in entsprechenden Abständen Wirk- und Blindverbrauchaggregate ein, die sowohl in den Wirkverbrauchzählern, wie auch in den Blindverbrauchzählern gewisse Differenen zeigen werden. Die Summe dieser Differenzen stellt die Verlusteinheiten für die betreffende Leitung dar, die gleich dem Produkt

$$J^2 \cdot r \cdot t$$

gesetzt werden können. r ist dabei der Widerstand der Leistungsstrecke. Wir können die nachfolgende Gleichung ansetzen:

$$(W_1 - W_2) + (B_1 - B_2) \approx V_{cu} \,. \tag{96}$$

In dieser Gleichung bezeichnet W den Wirkverbrauch, B den Blindverbrauch, 1 und 2 das Aggregat, zu dem der Verbrauch gehört. V_{cu} kann man durch Einbau eines Amperquadratstundenzählers ermitteln; r ist damit als Restglied der Gleichung bestimmt.

Die Gleichung (94) enthält auf der linken Seite Verlusteinheiten, auf der rechten Seite kWh, eine Gleichsetzung, die wir oben bereits besprochen und begründet haben. Wir können aus der Gleichung (96) und der zugehörigen Dimensionsgleichung (97)

$$A\,(\mathrm{VEh}) = B\,(\mathrm{kWh}) \tag{97}$$

ohne weiteres den Wert der VEh ermitteln.

Wie bereits erwähnt, gelten diese Ausführungen streng nur bei gleicher Dimensionierung der gesamten Verteilungsanlage. Nun liegen über die Dimensionierung der einzelnen Teile einer Stromverteilungsanlage Erfahrungswerte vor, so daß man die auf der unverzweigten Leitung ermittelten Werte der VEh den wirklichen Verhältnissen entsprechend jeweils ziemlich gut anzupassen in der Lage ist.

Die vorgeschlagene Verrechnungsart hat den Vorteil großer Klarheit; sie ist betriebstechnisch und auch meßtechnisch ziemlich einfach und kommt doch der Erfassung der Gestehungskosten des elektrischen Stromes ziemlich nahe. Sie ist in gleicher Weise bei reinen Abnehmern wie auch bei Parallelbetrieb anwendbar und gewinnt gerade in diesen Fällen außerordentlich an Wert durch die Übersichtlichkeit der Meßanordnung und der darauf begründeten Verrechnung. Dazu kommt noch, daß die Verrechnung nach reinen Verlusten die beste Anpassung an die Verhältnisse des betreffenden Werkes erlaubt. Die ermittelten Werte lassen sich zudem noch auf ihre Richtigkeit hin prüfen, was gerade für die Praxis außerordentlich wertvoll ist. Auf die Abnehmer hat die Verrechnung nach Verlusten den Vorteil der Übersichtlichkeit, sie übt einen erheblichen Anreiz nicht allein zur Erhöhung des Leistungsfaktors, sondern auch zur Minderung jeglicher Verluste aus und gibt stets ein klares Bild der Betriebsverhältnisse. Die Verrechnung nach reinen Verlusten dürfte geeignet sein, eine Anzahl Blindverbrauchtarife abzulösen und der Blindverbrauchverrechnung noch weiter die Wege zu ebnen.

3. kVA oder kS vom tariftechnischen Standpunkt aus.

Die bisher besprochenen Verrechnungsarten gehen vom Blindverbrauch in irgendeiner Form aus. Es bleibt von den in der Praxis bekannten Verrechnungsarten nur noch die Verrechnung nach dem Scheinverbrauch zur Besprechung übrig. Der reine

Scheinverbrauchtarif, also ohne Anlehnung an den Wirkverbrauch, kommt aus den früher bereits eingehend erläuterten Gründen nicht in Betracht. Der reine Scheinverbrauchtarif hat auch keine Begründung in den Stromgestehungskosten. Selbst die bevorzugte Begründung des Scheinverbrauches zur Bestimmung des Anteiles eines Abnehmers an den festen Kosten des Werkes gilt unter Berücksichtigung des Gleichzeitigkeitsfaktors[19]) nur bedingt. Für die Verrechnung bzw. für eine Tarifgestaltung nach dem Scheinverbrauch kommt also nur die Kombination von Wirkverbrauch mit Scheinverbrauch in Frage, eine Kombination, die wir bezüglich der dafür benötigten Zähler vom meßtechnischen Standpunkte aus bereits als der reinen Blindverbrauchmessung unterlegen bezeichnet haben.

Wir stellen uns nun nochmals die Frage „kVA oder kS", wollen sie aber diesmal vom tariftechnischen Standpunkt aus betrachten.

Das Hauptargument der Scheinverbrauchmessung im Zusammenhang mit der Registrierung des Wirkverbrauches beruht in der Möglichkeit der Verrechnung des Maximums der Scheinlast, das unter gewissen Einschränkungen einen Maßstab für die Bereitstellungskosten, die der Abnehmer dem Werk verursacht, abgibt. Der Scheinverbrauch selbst wird erst in zweiter Linie zur Verrechnung herangezogen.

Der Scheinverbrauchtarif geht entweder, wie die verschiedenen Blindverbrauchtarife, von einem „Normalleistungsfaktor" aus, oder er verrechnet die kVAh direkt, d. h. ohne gleichzeitige Berücksichtigung des Wirkverbrauches. Die Bestimmung eines mittleren Leistungsfaktors läßt sich mit einem Scheinverbrauchzähler leichter durchführen wie mit einem Blindverbrauchzähler, da in diesem Falle der Quotient der beiden Zähleranzeigen den Leistungsfaktor direkt ergibt, ohne daß man die Umrechnung über die Tangente durchführen muß. Dies dürfte jedoch der einzige Vorteil der Scheinverbrauchmessung sein.

Die Frage nach der Bestimmung der kVAh zeigt sogleich die Schwäche der Scheinverbrauchmessung überhaupt. Man wird bei Bestimmung der kVAh die Stromzunahme bei Phasenverschiebung gegenüber der Stromentnahme bei $\cos\varphi = 1$ in irgend-

[19]) Unter Gleichzeitigkeitsfaktor ist das Verhältnis des gesamten Anschlußwertes der Abnehmer zu der maximalen Belastung des Werkes verstanden.

einer Form der Berechnung zugrunde legen müssen. Berücksichtigt man in der Scheinlast die Bereitstellungskosten und damit die Stromgestehungskosten, so ist dies bei einem bereits vorhandenen Werk, dessen Maschinen- und Generatorenleistung also gegeben ist, allein durch Berechnung der durch die Phasenverschiebung bedingten Verluste möglich, also durch Qualifizierung des Magnetisierungsstromes und dann — sind wir ja in beiden Fällen beim Blindverbrauch!

Läßt man vollends den „Normalleistungsfaktor“ fallen, wie sich dies zweifellos durchsetzen wird, so kann man nichts mehr von Bedeutung anführen, das eine Tarifbildung nach dem Scheinverbrauch rechtfertigen würde. Die Unhaltbarkeit der auf dem Scheinverbrauch fußenden Tarifgestaltungen kommt klar zum Ausdruck in einem neuerdings durchgebildeten Apparat, der eine Zwischenstellung zwischen dem reinen Scheinverbrauch und dem reinen Blindverbrauchtarif darstellt und eben aus diesem Grunde einiges Interesse besitzt. Wie verschiedene Blindverbrauchtarife, so hält auch dieser Scheinverbrauchtarif an einem Normalleistungsfaktor fest. Unter Zugrundelegung dieses Normalleistungsfaktors läßt sich der entsprechende Normalscheinverbrauch eines Abnehmers angeben. Erst der diesen normalen Scheinverbrauch übersteigende Scheinverbrauch kommt zur Verrechnung.

Der Tarif selbst entstand durch das Bestreben, die zum Teil außerordentlich umständlichen Verfahren, die man heute noch bei Verrechnung des Blindverbrauches anwendet, durch eine einfache, jedem verständliche Verrechnung zu ersetzen. Er leitet also seine Existenzberechtigung hauptsächlich aus der Unvollkommenheit vorhandener Blindverbrauchtarife ab und hat demgemäß auch nur einen relativen Wert: sobald nämlich die bisher üblichen umständlichen Verrechnungsarten des Blindverbrauches entsprechend vereinfacht werden, entfällt das Hauptmoment, das diesen Scheinverbrauchtarif rechtfertigt.

Die zur Durchführung dieses Scheinverbrauchtarifes dienenden Zähler sind so eingerichtet, daß sie nur jeweils zusammengehörige Werte von kWh und kVAh zeigen. Ein „Ausgleichen“ der Blindlast seitens des Abnehmers ist hier wie beim Überschuß-Blindverbrauchzähler zwar möglich, praktisch jedoch schon ziemlich eingeschränkt. Es muß betont werden, daß der Scheinverbrauchtarif in dieser Form dasselbe Ziel erstrebt wie der Blindverbrauchtarif, allerdings in tariftechnisch einfacherer Weise. Es läßt sich unter Zugrundelegung eines gleichen Gesamtpreises bezogen auf einen bestimmten Leistungsfaktor nach der Scheinverbrauch- wie nach der Blindverbrauchverrechnung für alle praktisch vorkommenden Werte des Leistungsfaktors eine gute Übereinstimmung der beiden Verrechnungsarten erreichen. Die Verrechnung ist dabei einfach und eine Fehlschaltung schwerer möglich, da dieser Apparat an einem gemeinsamen Klemmbrett zusammengebaut ist. Der Scheinverbrauchtarif in dieser Form hat also tatsächlich manches für sich — alles unter der Voraussetzung, daß ein Normalleistungsfaktor Berechtigung hat.

Der Normalleistungsfakter und die darauf begründeten Verrechnungsarten können jedoch, wie wir an anderer Stelle schon eingehend begründet haben, bei gleichem Gesamtpreis ohne weiteres auf die direkte Verrechnung des reinen Blindverbrauches zurückgeführt werden, so daß auch die eben geschilderte Scheinverbrauchtarifart an Wert verliert. Es ist auch hier nur eine Frage der technischen Aufklärung der betreffenden Abnehmerkreise, sie davon zu überzeugen, daß der reine Blindverbrauchtarif auch diese dem Scheinverbrauchtarif nachgerühmten Vorteile besitzt. Aus dem vorstehenden ergibt sich, daß auch vom tariftechnischen Standpunkt der Scheinverbrauchtarif in allen seinen Abarten keine besonderen Vorteile bietet, sofern man sich entschließt, von der Festlegung eines Normalleistungsfaktors abzugehen. Auch vom tariftechnischen Standpunkte aus wird man deshalb die Frage kVA oder kS zugunsten der letzteren entscheiden.

4. Vervollkommnung der Blindverbrauchtarife.

Unsere bisherigen Ausführungen über die Blindverbrauchmessung, die wir in diesem Abschnitt allein betrachten wollen, gingen von dem einfachen Blindverbrauchzähler aus, der mit einem Kilowattstundenzähler in Serie geschaltet wurde. Es ist klar, daß die beim Wirkverbrauch üblichen Tarifapparate auch beim Blindverbrauch angewendet werden können. Gleich an dieser Stelle muß aber betont werden, daß man in der Anwendung der Tarifapparate für die Blindverbrauchmessung zurückhaltender sein wird, da es sich bei der Blindverbrauchmessung um ein Korrekturglied handelt, dem in keinem Falle die gleiche Bedeutung und Bewertung zukommt, wie dem Wirkverbrauch. Eine vorherrschende Stellung wird der Blindverbrauch nur bei den Werken erlangen können, die infolge sehr hoher Phasenverschiebung in ihrer Leistungsfähigkeit gedrückt sind oder mit erheblichen betriebstechnischen Schwierigkeiten arbeiten. Für derartige Werke wird sich aber die Aufstellung entsprechender Blindlastmaschinen im Schwerpunkt des Abnehmergebietes nicht umgehen lassen, so daß auch in diesen Fällen früher oder später der Blindverbrauch in seine normale Stellung als Korrektionsglied des Wirkverbrauches zurückgedrängt wird. In der Anwendung der Tarifapparate bei der Blindverbrauchmessung ist also dadurch von selbst eine Grenze gezogen[20]).

Der Zeitdoppeltarif hat bei Blindverbrauchtarif eine gewisse Bedeutung für die Werke, die infolge scharfer Konkurrenz mit anderen Krafterzeugungsunternehmungen ihren Abnehmern den Magnetisierungsstrom direkt nur zu den Zeiten verrechnen wollen oder können, in denen sie selbst infolge hoher Phasenverschiebung betriebstechnische Schwierigkeiten befürchten müssen. Durch den Zeitdoppeltarif wird der Blindverbrauch zwar ganz erfaßt werden, das Werk hat es jedoch in der Hand, ihn nur nach Maßgabe der wirtschaftlichen Verhältnisse zu verrechnen.

Wünschenswert wäre es, wenn sich die stromliefernden Werke dazu verstehen könnten, für zu bestimmten Zeiten rückgelieferten Magnetisierungsstrom irgendeine Vergütung zu gewähren. Leider findet man in der Praxis in diesem Punkte häufig eine zu starke Betonung des kaufmännischen Standpunktes, der sich bei der Frage der technischen Vervollkommnung der Betriebe oft hinderlich bemerkbar macht.

Die Verwendung von Dreifachtarifzählern dürfte für die Blindverbrauchmessung kaum in Frage kommen.

Die Verwendung von Maximumzählern ist in vielen Fällen auch für den Blindverbrauch geboten. Aus den Angaben eines Blindverbrauchmaximum- und eines Wirkverbrauchmaximumzählers einen Schluß auf die Scheinlast zu ziehen, ist allgemein jedoch nicht zulässig, da die zeitliche Zusammengehörigkeit der

---

[20]) Die Praxis hat gezeigt, daß beim Leistungsausgleich von Großkraftwerken für die Blindverbrauchmessung und -verrechnung die gleichen Tarifapparate verwendet werden wie für die Wirkverbrauchmessung, so daß der Wert und die Bedeutung der Blindverbrauchmessung auch von dieser Seite gerechtfertigt erscheint.

beiden Maxima nicht gewährleistet ist. Praktisch wird diese bei Abnehmern mit nur einer Maschine wohl zutreffen, sobald jedoch mehrere ungleich belastete Maschinen durch ein und denselben Zählersatz gemessen werden, können die Maxima des Wirk- und Blindverbrauchzählers nicht mehr als zusammengehörig betrachtet werden. Dagegen hat das Maximum des Blindverbrauches für sich allein, also ohne Kombination mit dem Maximum des Wirkverbrauches Bedeutung. Es ergibt ohne weiteres einen Maßstab für die Belastung durch Magnetisierungsstrom, die ein Abnehmer verursacht. Aus dem Anschlußwert und dem Blindverbrauchmaximum eines Abnehmers läßt sich dessen Arbeitsweise erkennen und in der Bewertung des Maximums tariftechnisch zum Ausdruck bringen. Es ist in jeder Hinsicht entschieden das Beste, den Wirkverbrauch und den Blindverbrauch und damit auch die entsprechenden Maxima tariftechnisch vollkommen zu trennen und keine ,,Überlagerung" dieser beiden Werte zu versuchen. Die Berechtigung dafür läßt sich auch in dem für den reinen Blindverbrauch scheinbar ungünstigsten Falle starker Schwankungen der Phasenlage bei wechselnder Wirklast begründen.

Nehmen wir beispielsweise an, ein Abnehmer arbeite bei einer Leistungsentnahme von 100 kW mit einem Leistungsfaktor von 0,8, bei 10 kW mit 0,3. Das Maximum des Wirkverbrauches wird demgemäß 100 kW, das Maximum des Blindverbrauches 75 kS. Der sehr schlechte Leistungsfaktor bei geringer Belastung kommt also im Maximum bei direkter Verrechnung nicht zum Ausdruck. Die Frage ist, ob hierin tatsächlich ein Nachteil für das Werk liegt. Ohne weiteres ist zuzugestehen, daß der Abnehmer bestrebt sein wird, die auftretenden Maxima so gering wie möglich zu halten. Das Blindlastmaximum des Abnehmers ist durch den Belastungsgrad seiner Maschinen bestimmt. Würde obiger Abnehmer z. B. bei 80 kW mit 0,6 fahren, so ergebe sich ein Blindverbrauchmaximum von 107 kS. Es läßt sich nun unter Zugrundelegung der bekannten Abhängigkeit des Leistungsfaktors vom Belastungsgrad bei Asynchronmotoren ein Leistungsfaktor angeben, der ein absolutes Maximum der Blindlast ergibt. Dieses absolute Maximum hat jedoch nur Bedeutung für einen Abnehmer mit einem Asynchronmotor, der normalerweise keinen Blindverbrauchzähler erhält. Für alle Abnehmer jedoch, bei denen mehrere Maschinen laufen, läßt sich ein absolutes Maximum des Blindverbrauches zwar auch errechnen, es braucht jedoch betriebstechnisch nicht aufzutreten. Das im Betriebe auftretende Maximum kann in diesem Falle allein durch den Blindverbrauchzähler bestimmt werden. Es liegt unter dem theoretischen Maximum, und jeder Abnehmer wird das Bestreben haben, auch dieses Maximum gering zu halten. Für das Werk ist es gleichgültig, ob es eine bestimmte Blindlast für einen Maschinensatz oder für mehrere zur

Verfügung stellt. Auch hier kann der Anschlußwert in geeigneter Form bessere Anhaltspunkte liefern wie ein mittlerer Leistungsfaktor. Bestimmen wir andererseits für den gleichen Abnehmer den mittleren Leistungsfaktor, so kommen wir auf den Wert $\cos\varphi = 0{,}7$, ein Wert, der die oben erwähnten schlechten Leistungsfaktoren gleichfalls nicht erfaßt. Praktisch besagt dies, daß der Abnehmer durch einen guten Leistungsfaktor bei hoher Wirklast seine ungünstigen Leistungsfaktoren bei geringer Wirklast ausgleichen kann. Es ist also somit gerade das, was bestimmt werden soll, nicht erfaßt. Das Werk bekommt bei Verrechnung des Maximums nach dem mittleren Leistungsfaktor ein falsches Bild, ohne eine betriebstechnische Erleichterung zu verspüren.

Bei den beim Wirkverbrauch üblichen Tarifapparaten ist vielleicht der Spitzenzähler für die Blindverbrauchmessung noch von Bedeutung. Er erlaubt es, den eine gewisse Blindlast übersteigenden Bedarf an Magnetisierungsstrom gesondert zu erfassen. Für große Werke kann ein Blindverbrauchspitzenzähler betriebstechnische Vorteile bieten. Für die Blindverbrauchmessung kommt ferner noch der registrierende Maximumzähler in Frage. Dieser Apparat registriert jeden Wert des Leistungsintegrales über bestimmte Zeitintervalle und gleicht bis zu einem gewissen Grade die Härten des normalen Maximumzählers aus. Ferner gestattet er, sofern diese Forderung aufgestellt wird, die Bestimmung des Scheinverbrauchmaximums, da die zeitlich zusammengehörigen Werte des Wirk- und Blindverbrauchmaximums abgelesen werden können. Sein Hauptwert besteht jedoch in der Möglichkeit einer gerechteren Erfassung des „Maximums" insofern, als man sich an Hand der Aufzeichnungen des schreibenden Höchstverbrauchzählers jederzeit über die Art und Dauer der aufgetretenen Maxima unterrichten kann.

Der schreibende Höchstverbrauchzähler hat sowohl für die stromliefernden Werke wie auch für den Abnehmer erheblichen Wert. Der Abnehmer kann an Hand des Diagrammes in vielen Fällen seinen Betrieb durch Verlegen einzelner Arbeitsgänge so einrichten, daß das Maximum und damit die Stromgestehungskosten verringert werden. Der schreibende Höchstverbrauchzähler gestattet auch die Gleichförmigkeit einer Belastung zu beurteilen.

Wir kommen hiermit auf eine weitere Vervollkommnung nicht allein der Blindverbrauchtarife, sondern der Stromtarife überhaupt, die sich in Richtung der von Buchholz gemachten Vorschläge bewegt und die mit gewissen Einschränkungen m. E. eine Zukunft hat. Eine grundlegende Änderung in der Anschauung über die Tarifgestaltungen allgemein wird sich dabei allerdings nicht umgehen lassen[21]).

Buchholz bewertet den Abnehmer allein nach den Arbeitsverlusten, die er verursacht. Der günstigste Abnehmer ist nach Buchholz ein Abnehmer, der stets nach dem Leistungsfaktor 1 eine vollkommen gleichförmige Belastung und bei Drehstrom auch gleichseitige Belastung entnimmt. Ein Abnehmer, der nur in einem dieser drei Punkte abweicht, hat nach Buchholz „Blindverbrauch", eine Definition, die mit der allgemein üblichen bricht. Zur Erfassung dieses „Blindverbrauches" entwickelt Buchholz die sogenannte „Güteziffer", die durch ein Zähleraggregat gemessen werden kann.

Die Voraussetzung für die Anwendbarkeit der Buchholzschen Vorschläge besteht, wie Möllinger[22]) bereits bewiesen hat, darin, daß bei gleicher Güteziffer, gleichem Leistungsfaktor und gleicher Zeit auch die auftretenden Maxima gleich sind, eine Annahme, die Buchholz als solche erkennt, jedoch durch zahlreiche bei industriellen Anlagen aufgenommenen Belastungskurven zu beweisen versucht.

Von den nach Buchholz der Erfassung werten Faktoren — Leistungsfaktor, gleichseitige sowie gleichbleibende Belastung — hat der Leistungsfaktor infolge seiner erheblichen Bedeutung bereits allseits Beachtung gefunden. Die Gleichseitigkeit der Belastung spielt eine sekundäre Rolle. Die Stetigkeit der Belastung wird bislang ausnahmslos nur indirekt auf dem Umwege über die Betriebsstunden oder über das Maximum gewertet.

Die Steigkeit oder Gleichförmigkeit der Belastung ist für jedes Werk von ausschlaggebender Bedeutung. Sie bestimmt die Benutzungsdauer und somit die Stromgestehungskosten eines Werkes direkt. Eine Erhöhung des Ausnützungsfaktors ist das Ziel eines jeden Werkes. Die Zukunft wird daher den Tarifgestaltungen gehören, die sich die Erhöhung

---

[21]) Ich bringe diese Entwicklung unter dem Abschnitt „Vervollkommnung der Blindverbrauchtarife", da sich die nachstehend entwickelten Gedankengänge beim Blindverbrauch· betriebstechnisch wie auch verrechnungstechnisch am leichtesten durchführen und erproben lassen. Der Hauptwert der folgenden Entwicklung und der darauf begründeten Meß- und Verrechnungsmethode wird allerdings in der Anwendung auf den Wirkverbrauch liegen.

[22]) Mitteilungen der Vereinigung der Elektrizitätswerke Nr. 280/1921.

der Gleichförmigkeit der Belastung eines Abnehmers direkt zum Ziele setzen. Von diesem Gesichtspunkte aus betrachtet, wohnt den Buchholzschen Vorschlägen ein erheblicher Wert inne. Es ist m. E. nur eine Frage der Zeit, bis sich die Einsicht von der überragenden Bedeutung der Gleichförmigkeit der Belastung in zweckdienlicheren Tarifformen, wie sie heute vorliegen, durchsetzen wird.

Wie wir bereits erwähnt haben, geht die seitherige indirekte Berücksichtigung der Gleichförmigkeit eines Abnehmers auf die Beachtung der Angaben eines Zeit- bzw. eines Maximumzählers hinaus. Das gemessene Maximum, bzw. die gemessenen Betriebsstunden ergeben in Verbindung mit den gemessenen kWh einen gewissen Anhalt für die Gleichförmigkeit einer Belastung.

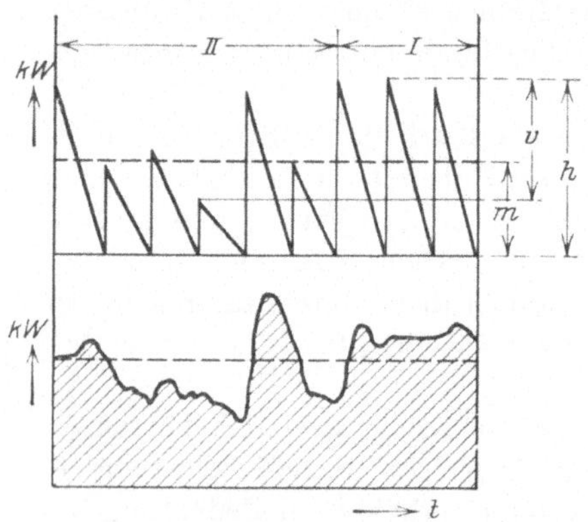

Abb. 50. Gegenüberstellung der Diagramme eines Wattmeters und eines schreibenden Höchstverbrauchzählers.

Zur Beurteilung der Gleichförmigkeit der Belastung diene uns das Belastungsdiagramm der Abb. 50, in die zum Vergleiche auch noch das Diagramm eines schreibenden Höchstverbrauchzählers für die gleiche Belastung eingetragen ist.

Zur Beurteilung der Gleichförmigkeit der Belastung dieses Abnehmers stehen uns mehrere Möglichkeiten offen. Das Nächstliegende ist, den „Belastungsfaktor" des Abnehmers aus dem Verhältnis von Durchschnittswert m zum Maximalwert h der entnommenen Leistung zu bestimmen. Man erhält den Belastungsfaktor auch als Verhältnis der abgelesenen kWh zu dem mit der Ableseperiode T des Zählers multiplizierten Maximalwert. Es ist klar, daß diesem Verfahren eine erhebliche Härte anhaftet, denn nur ein einziges hohes Maximum kann den Belastungsfaktor des betreffenden Abnehmers trotz hoher Gleichförmigkeit stark ungünstig gestalten.

Zur Qualifizierung der Gleichförmigkeit der Belastung könnte man ferner auch noch den Mittelwert m ins Verhältnis zu dem maximalen Schwankungen v setzen. Diese Verrechnungsart geht jedoch, sobald Betriebsunterbrechungen vorkommen, auf die vorgenannte Verrechnungsart über und bietet nichts wesentlich Neues. Dagegen kann man die Gleichförmigkeit der Belastung auch in der Weise bestimmen, daß man nicht den ganzen Zeitraum einer Ableseperiode zugrunde legt, sondern die Gleichförmigkeit der Belastung nach ihrer Gruppierung studiert. In dem vorliegenden Belastungsdiagramm wäre die Gruppe *I* als gleichförmige Belastung, die Gruppe *II* als ungleichförmige Belastung anzusprechen. Nach der Dauer der Gleichförmigkeit der Belastung könnte man dem Abnehmer entsprechende Vergütungen gewähren.

Diese zweite Art der Berücksichtigung der Gleichförmigkeit der Belastung erscheint mir brauchbar, da die Mehrzahl der Betriebe eine Gleichförmigkeit in einer Belastungsstufe gar nicht oder nur schwer, dagegen eine Gleichförmigkeit in zwei oder drei Belastungsstufen sehr wohl erreichen können. Faßt man den Abnehmer als alleinigen Abnehmer des Werkes auf, so würde man in dieser Weise einen „Schmiegungsfaktor“ der Belastung, wenn wir uns so ausdrücken wollen, einführen. Diesen Schmiegungsfaktor zu verbessern, sind fast alle Stromkonsumenten in der Lage.

Mit den bisher üblichen Tarifapparaten und Tarifgestaltungen läßt sich eine zweckdienliche und dem Abnehmer unmittelbar verständliche Meß- und Verrechnungsmethode nicht durchführen. Es besteht hier in den Tarifapparaten eine Lücke.

Zur Berücksichtigung der Gleichförmigkeit der Belastung eines Abnehmers möchte ich einen Zähler vorschlagen, für den ich mit Rücksicht auf seine Arbeitsweise den Namen „G l e i c h l e i s t u n g s - z ä h l e r“ wähle. Es handelt sich bei dem Gleichleistungszähler, wie ich gleich entwickeln werde, um einen Apparat, der beglaubigungsfähig ist und m. E. gerade die größeren Werke interessieren dürfte. An Hand der Abb. 51 möchte ich einige Ausführungen über den vorgeschlagenen Gleichleistungszähler machen.

Ein Abnehmer mit dem Belastungsdiagramm A entnimmt zu bestimmten Zeiten eine gleichbleibende Leistung, zu anderen Zeiten eine schwankende, wobei geringfügige Belastungsschwankungen unberücksichtigt bleiben. Die Berücksichtigung der Gleichförmigkeit erfolgt in der Weise, daß der Abnehmer Anspruch auf

Vergütung erhält, sobald die Belastung über eine bestimmte Zeitdauer hinaus annähernd gleichförmig war.

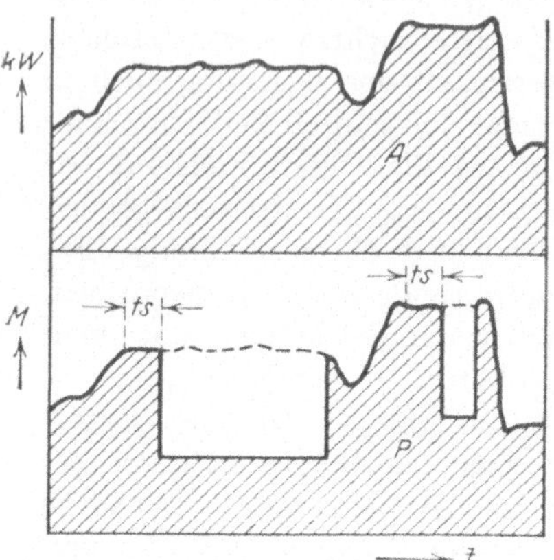

Abb. 51. Arbeits- (A) und Preisdiagramm (P) eines Abnehmers bei Verrechnung auf Grund der Angaben eines Gleichleistungszählers.

Die für die Vergütung in Betracht kommende Arbeit wird in der Weise bestimmt, daß man nach Ablauf einer gewissen Zeit (ts = Sperrzeit) gleichförmiger Belastung den Zähler auf ein anderes Zählwerk arbeiten läßt, das natürlich, wie das erste Zählwerk, reine kWh registriert, wodurch die Beglaubigungsfähigkeit des Apparates gewährleistet ist. Man hat es in der Hand, durch geeignete Wahl der Sperrzeit ts und entsprechende Verrechnung der auf den zwei Zählwerken registrierten Arbeitsbeträge jede gewünschte Vergütung zu gewähren. In der Abb. 51 wurde beispielsweise die auf dem zweiten Zählwerk registrierte Arbeit nur zum halben Preise berechnet, so daß aus dem Arbeitsdiagramm A das Preisdiagramm P entstand. Der Flächeninhalt des Preisdiagrammes P gibt die von dem betreffenden Abnehmer zu zahlenden Beträge an und gewährt gleichzeitig einen sehr guten Überblick über die Höhe der erfolgten Vergütung.

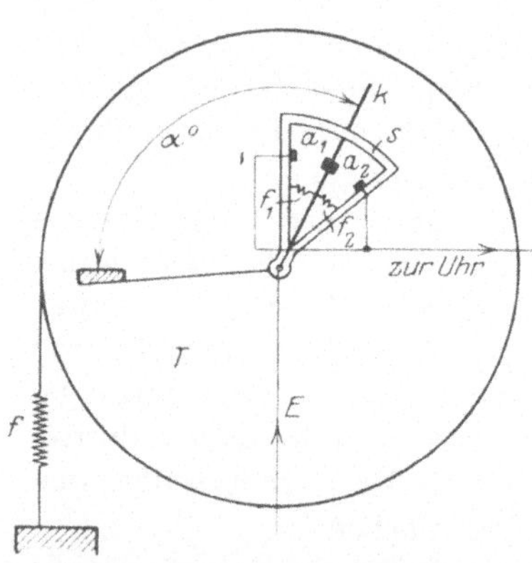

Abb. 52. Vorschlag einer konstruktiven Lösung des Gleichleistungszählers.

Technisch durchführbar ist ein derartiger Gleichleistungszähler etwa in der nachstehend angegebenen Weise:

Außer einem normalen mit Doppeltarifzählwerk versehenen Kilowattstundenzähler ist in einem zweiten Gehäuse ein gleiches Triebsystem, kombiniert mit einer Uhr, untergebracht. Das Triebsystem stellt sich (Abb. 52), sobald eine Belastung eingeschaltet wird, auf eine bestimmte Lage ein, die gegeben ist durch das Triebmoment der Belastung und das Gegendrehmoment der Federspannung f. Die Kontaktleiste K schlägt um α^0 aus, da sie mit der Triebscheibe T fest verbunden ist. Mit der Kontaktleiste k bewegt sich der Sektor s, der mit seinen Kontakten a_1 und a_2 federnd gegen diese Kontaktleiste beiderseits abgestützt ist. Beim Schließen der Kontakte a_1 oder a_2, wie sich dies infolge der Trägheit des Sektors bei jeder Belastungsänderung ergeben wird, erhält die Uhr einen Impuls und wird aufgezogen. Sobald sich jedoch infolge Einstellung auf eine bestimmte Belastung die kleinen Federn f_1 und f_2 ausgleichen können, werden die Kontakte unterbrochen und die Uhr kann ablaufen. Nach erfolgtem Ablauf der Uhr im vorliegenden Beispiel nach der Zeit ts, schaltet ein Endkontakt an der Uhr das zweite Zählwerk ein.

Der skizzierte Apparat versagt bei sehr langsam sich ändernder Belastung, was praktisch sowieso kaum vorkommt. Die Federung des Sektors s bezweckt geringfügige Belastungsänderungen zu eliminieren, da bei diesen Belastungsänderungen, die nur kleine Lagenänderungen der Kontaktleiste mit sich bringen, die Kontakte a_1 und a_2 noch nicht zum Ansprechen kommen. Mit dem eben erläuterten Zähler kann man eine Tarifgestaltung nach der Gleichförmigkeit einer Belastung direkt durchführen.

5. Tarifvorschläge für die verschiedenen Abnehmergruppen.

Nach eingehender Besprechung der gesamten in der Praxis verwendeten Apparate, der gebräuchlichsten Meßmethoden und Verrechnungsarten ergibt sich, daß die reine Blindverbrauchmessung infolge ihrer universellen Verwendbarkeit am zweckmäßigsten erscheint. Sie ist sowohl bei reinen Abnehmern wie auch im Parallelbetrieb anwendbar, ist technisch und physikalisch einwandfrei und erleichtert die Verrechnung außerordentlich

Wir haben in der Einleitung bereits betont, daß der Blindverbrauchmessung gewisse Grenzen gezogen sind, die durch die Größe der betreffenden Abnehmer bzw. der betreffenden Abnehmergruppe gegeben ist. Eine generelle Behandlung aller Abnehmer wäre entschieden falsch.

Im nachstehenden sind Richtlinien gegeben, die zwar keinen Anspruch auf allgemeine Gültigkeit haben, die aber immerhin als Anhalt dienen können.

a) Kleinkraftabnehmer bis zu 1 kW.

Durch die steigende Verwendung der Elektrizität im Haushalt ist bei der großen Zahl der Kleinkraftabnehmer die Frage der Erfassung des Blindstromes auch bei dieser Abnehmergruppe berechtigt. Man wird jedoch von einer Messung des Magnetisierungsstromes absehen, da der Leistungsbedarf dieser Abnehmer überwiegend als induktionsfrei angesehen werden darf. Auch bei umfangreicher Verwendung von Kleinmotoren kommt eine Blindverbrauchmessung nicht in Frage. Durch entsprechende Festlegung des Kilowattstundenpreises hat es das Werk jederzeit in der Hand, einen geeigneten Ausgleich für den gelieferten Magnetisierungsstrom zu finden.

b) Kleine Kraftabnehmer, 1 bis 5 kW.

Die hauptsächlichsten Verbraucher dieser Art sind Motoren, Heizöfen, sowie größere Beleuchtungsanlagen. Sie kommen gerade in landwirtschaftlichen Bezirken häufig vor und stellen die Abnehmermasse der Überlandwerke dar. Es ist für diese Abnehmergruppe der Vorschlag gemacht worden, bei Bestimmung des Kilowattstundenpreises einen Erfahrungswert des Leistungsfaktors als Mittelwert, etwa 0,5 bis 0,65, einzurechnen und auf den Einbau besonderer Blindverbrauchzähler zu verzichten. Es besteht jedoch m. E. die große Gefahr, daß bei einer derartigen Verrechnung kein Unterschied mehr gemacht werden kann zwischen Abnehmern mit richtig bemessenen und solchen mit überdimensionierten Maschinen. Gerade letztere verursachen aber dem Werk ganz erhebliche Belastungen an Blindstrom. Es haben daher manche Werke für diese Abnehmergruppe „Güteziffern" eingeführt, indem sie durch Einbau von Blindverbrauchzählern den Bedarf des betreffenden Abnehmers an Magnetisierungsstrom feststellten und auf dem Zähler eine entsprechende Konstante anbrachten, die bei der Verrechnung des Wirkverbrauches berücksichtigt wurde. Das Verfahren hat, so umständlich es zunächst auch erscheinen mag, den großen Vorteil der gerechten Beurteilung der einzelnen Abnehmer. Die Verwendung von Blindverbrauchzählern empfiehlt sich nicht.

c) Mittlere Kraftabnehmer, 5 bis 30 kW.

Diese Abnehmergruppe erhält zweckmäßigerweise einen Blindverbrauchzähler. In vielen Fällen dürfte ein Zähler für gleichbelastete Phasen genügen. Ferner muß bei Abnehmern dieser

Größe stets untersucht werden, ob sie die Möglichkeit haben, ihren Leistungsfaktor zu verbessern oder nicht, da im letzteren Falle der Magnetisierungsstrom meist auch ohne Einbau eines Blindverbrauchzählers bestimmt werden kann.

d) Größere Kraftabnehmer, 30 bis 100 kW.

Bei Abnehmern dieser Größe empfiehlt sich der Einbau von Blindverbrauchzählern für Drehstrom fast stets. Bei entsprechender Gestaltung des Blindverbrauchtarifes werden insbesondere neu anschließende Abnehmer zu bewegen sein, sich Synchronmaschinen zu beschaffen. In diesen Fällen ist allerdings m. E. das Werk auch verpflichtet, dem Abnehmer die Möglichkeit zur Rücklieferung von Magnetisierungsstrom zu geben.

Es empfiehlt sich der Einbau eines Drehstrom-Blindverbrauchzählers mit Doppelzählwerk für Vor- und Rückwärtslauf zur getrennten Registrierung des bezogenen und des gelieferten Magnetisierungsstromes. Jedenfalls müssen derartige Abnehmer begünstigt werden, selbst dann, wenn sie für das stromliefernde Werk infolge ihrer geringen Zahl augenblicklich noch ohne jeden nennenswerten Einfluß auf die Betriebsverhältnisse sind.

e) Großabnehmer, 100 bis 1000 kW.

Abnehmer dieser Größenordnung sind für ein Werk bereits von einer gewissen Bedeutung; sie erfordern auch bezüglich der Blindverbrauchmessung eine speziellere Behandlung. Die Frage nach der zweckmäßigsten Art des anzuwendenden Blindverbrauchtarifes ist sowohl vom tariftechnischen wie auch vom betriebstechnischen Standpunkt aus zu untersuchen. Meist dürfte sich die Verrechnung des Blindverbrauches nach dem Maximum empfehlen, dessen Höhe jedoch nur zu bestimmten Zeiten gemessen wird.

f) Größtabnehmer, über 1000 kW.

Abnehmer dieser Größe sind für die Mehrzahl der Werke schon von erheblichem Einfluß auf das Belastungsdiagramm selbst und erfordern sinngemäß eine ziemlich differenzierte Tarifgestaltung. Die Blindverbrauchmessung wird sich zweckmäßig auf die Angaben eines registrierenden Maximumzählers stützen, der alle für die Verrechnung nötigen Unterlagen liefert. Aus betriebstechnischen Gründen können außer den erwähnten Blindverbrauch-Tarifapparaten auch noch Blindverbrauch-Spitzenzähler in Frage kommen, die den eine bestimmte Blindlast übersteigenden Bedarf an Magnetisierungsstrom gesondert festzustellen erlauben.

Bei allen Abnehmern ist die kSh direkt, ohne den Umweg über den „mittleren" Leistungsfaktor, zu verrechnen.

g) Parallel arbeitende Werke.

Die Meßmöglichkeiten für parallel arbeitende Werke haben wir bereits in einem früheren Abschnitt eingehend behandelt. Die Verrechnung stützt sich in diesen Fällen zweckmäßig stets auf die Angaben registrierender Maximumzähler, die zudem noch für Zeitdoppeltarif ausgerüstet werden können.

Auch für parallel arbeitende Werke ist die Verrechnung nach einem mittleren Leistungsfaktor unzweckmäßig, da sich selbst bei verschiedenen Preisen für Blindstromlieferung und -bezug fast immer geeignete Tarifgestaltungen auf Grundlage der reinen Blindverbrauchverrechnung finden lassen, die dem beiderseitigen Interesse dienen.

Am zweckmäßigsten und in der Mehrzahl der Fälle am geeignetsten ist die scharfe Trennung von Lieferung und Bezug, sowohl des Wirkstromes wie auch des Blindstromes, ohne jede tariftechnische Überlagerung dieser beiden Größen. Man hat es dann jederzeit in der Hand, für den Wirkstrom wie auch für den Blindstrom geeignete Zusatzapparate einzuführen, die eine tariftechnische Erfassung aller Betriebsverhältnisse erlauben und die gleichzeitig eine einfache und eindeutige Verrechnung ermöglichen.

Zusammenfassend läßt sich sagen, daß die reine Blindverbrauchmessung und -verrechnung allgemein anwendbar und äußerst einfach ist. Sie wird sich in dem Maße durchsetzen, in dem man sich dazu durchringen kann, auf die Messung und Verrechnung des phasenverschobenen Stromes unter Berücksichtigung des Leistungsfaktors zu verzichten.

Es ist nicht einzusehen, weshalb die Blindverbrauchmessung in ihrer einfachsten und ursprünglichsten Form, der reinen Blindverbrauchmessung, nicht durchdringen sollte. Nicht die Verrechnung eines Leistungsfaktors, sondern die Erfassung des Magnetisierungsstromes ist das Ziel der Blindverbrauchmessung. Die Aufgabe der Blindverbrauchmessung und -verrechnung ist es, die Versorgung eines Abnehmergebietes mit Magnetisierungsstrom auf die gleiche wirtschaftliche Grundlage zu stellen, wie dies beim Wirkstrom schon immer der Fall war. Warum sollten die Mittel, die sich dort als zweckmäßig und brauchbar erwiesen haben, auf das Gebiet des Magnetisierungsstromes übertragen, untauglich sein?

Schluß.

Über die Möglichkeit der Aufstellung neuer Arbeitseinheiten, sogenannter „Gegenwerteinheiten", auf elektro-meßtechnischem Gebiet.

Bei der Gegenüberstellung des reinen Blindverbrauchzählers mit dem Sicosummenzähler haben wir schon darauf hingewiesen, daß dieser Apparat nicht beglaubigungsfähig ist, da seine Angaben nicht auf einer gesetzlichen Größe beruhen. Mit Recht weist Kopp darauf hin, daß man über diese begrifflichen Schwierigkeiten hinwegkommen müsse und dies um so mehr, als in der Auffassung „der Leistung" als dem Verbrauch in der Zeiteinheit durch die Aufstellung des Begriffes der „Blindlast" schon eine Bresche geschlagen wurde. Kopp schlägt als „Gegenwerteinheit" die Größe

$$\left(\text{kWh} + \frac{1}{5}\,\text{kSh}\right)$$

vor. Als weiterhin gangbar bezeichnet Kopp die Registrierung direkt in Geldeswert, wobei der Abnehmer durch eine entsprechende Beschriftung des Zählwerkfensters über die Entstehung der vom Zähler angezeigten Geldbeträge aufgeklärt wird.

Wir wollen nachstehend zu diesen Fragen Stellung nehmen und die Möglichkeiten zur Aufstellung von „Gegenwerteinheiten" untersuchen.

Die technische und gesetzliche Einheit der Leistung ist die kWh. Die Kosten, die ein Abnehmer dem Werk verursacht, sind jedoch nicht allein von der Größe der Leistung abhängig. Außer der Zeit, zu der die Leistung entnommen wird, sowie deren maximaler Größe ist noch von wesentlichem Einfluß der mit dieser Leistung verbundene Bedarf an Magnetisierungsstrom. Diese „Ergänzungen" der Leistung finden ihren tariftechnischen Ausdruck in den verschiedenen Tarifapparaten, zu denen auch der Blindverbrauchzähler gehört. Die Verwendung der Tarifapparate erfolgt neben der Registrierung der Leistung bzw. der Arbeit, deren Ablesung stets gewährleistet sein muß.

Beim Sicosummenzähler ist dagegen der Wirkverbrauch und der Blindverbrauch im Zähler derart verbunden, daß die kWh nicht separiert werden können. Der Zähler zeigt keine gesetzliche Einheit.

Die zur Zeit geltenden gesetzlichen Einheiten der Leistung und der Arbeit sind physikalisch eindeutig bestimmte Größen, die jedoch zweifelsohne das Resultat der jeweiligen physikalischen Erkenntnis darstellen und somit einen Anspruch auf Unveränderlichkeit nicht besitzen. Die meßtechnischen Einheiten sind für das praktische Leben geschaffen worden: sie sollen die meßtechnischen Unterlagen für die Verrechnung elektrischer „Leistungen" liefern. In diesem Sinne wäre also die Forderung nach Schaffung einer neuen gesetzlichen Einheit, wie Kopp sie vorschlägt, berechtigt, wenn der von ihm vorgeschlagenen Größe allgemeine Bedeutung zukäme!

Das in der Koppschen Formel liegende Wertigkeitsverhältnis des Wirkstromes zum Blindsrtom ist jedoch nicht von allgemeiner Richtigkeit, sondern stellt nur einen Erfahrungswert dar, der für die verschiedenen Abnehmer ebenso gerecht wie auch ungerecht sein kann. Dies geht schon aus der Tatsache hervor, daß in der Berechnung des Blindverbrauches absolut keine Einigkeit besteht und eine allgemein anwendbare Formel noch nicht gegeben wurde.

Die Einheiten sind ferner noch so gewählt, daß eine gerechte Verrechnung auch dann noch gewährleistet ist, wenn das Meßgerät einen außerhalb der natürlichen Abnützung liegenden Fehler aufweist, wie dies bei einem Elektrizitätszähler infolge Durchschlagens einer Spannungsspule, durch Fehlschalten usw. möglich ist. In vielen Fällen läßt sich der dadurch entstehende Fehler rechnerisch ermitteln und dadurch eine einwandfreie Verrechnung ermöglichen, sofern man in der Lage ist, über die zeitliche Dauer des entstandenen Fehlers einigermaßen Aufschluß zu geben.

Unter Berücksichtigung der beiden eben erläuterten Punkte wird die Frage nach der Möglichkeit der Aufstellung einer neuen Gegenwerteinheit folgende Form annehmen: „Läßt sich zur Verrechnung eine neue durch die technische Entwicklung gerechtfertigte Größe angeben, die, wenn auch selbst im bestehenden

Gesetz nicht verankert, doch so durch Meßapparate registriert werden kann, daß sich auch im Falle von Mißweisungen des betreffenden Instrumentes die gesetzliche Einheit bzw. der darauf beruhende Verbrauch ermitteln läßt?" Diese Frage ist selbstverständlich nur unter der gleichen Einschränkung der meßtechnischen Erfassungsmöglichkeit des fraglichen Fehlers berechtigt, wie er durch die Natur der Sache auch schon bei den auf den bisherigen auf gesetzlichen Angaben fußenden Zählern gegeben ist. Sind diese Bedingungen für eine Gegenwerteinheit gegeben, so wäre ihr eine gewisse Beachtung nicht abzusprechen.

Wie aus der Charakteristik des Sicosummenzählers hervorgeht, läßt sich bei irgendwelchen Fehlschaltungen oder ähnlichen Fehlern der Wirkverbrauch aus der Zählerangabe nicht eliminieren, so daß auch diese zweite Forderung, die man an eine Gegenwerteinheit stellen muß, nicht erfüllt wird, und zwar generell nicht.

Nachdem die beiden Voraussetzungen, die m. E. für die berechtigte Aufstellung einer neuen gesetzlichen Einheit zu machen sind, von dem Sicosummenzähler nicht erfüllt werden, wird in den interessierten Kreisen wenig Neigung bestehen, den Sicosummenzähler als Verrechnungsgrundlage anzunehmen, selbst nicht bei starker Betonung des in der Verwendung nur eines Apparates liegenden Vorteiles.

Auch hier erweist sich die reine Blindverbrauchmessung durch deren Beglaubigungsfähigkeit als überlegen.